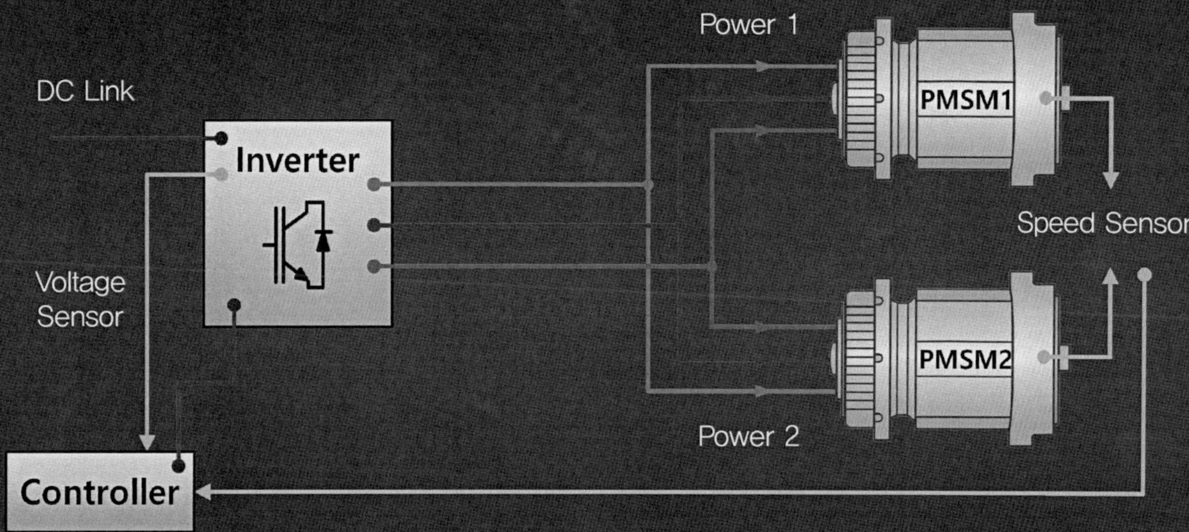

PMSM 기반 SIDM 구동시스템

이형우
이교범 지음

Control Techniques for Enhancing Stability in Single Inverter BasedParallel Permanent Magnet Synchronous Motor Drive Systems

도서출판 홍릉

저자소개

이형우 tiger0322@ajou.ac.kr

아주대학교 전자공학과 공학사
아주대학교 전자공학과 공학석사
아주대학교 전자공학과 공학박사

이교범 kyl@ajou.ac.kr

아주대학교 전자공학과 공학사
아주대학교 제어계측공학과 공학석사
고려대학교 전기공학과 공학박사
Aalborg 대학교(덴마크) 에너지기술학과 연구부교수
전북대학교 전기공학과 조교수
현, 아주대학교 전자공학과/미래모빌리티공학과 교수

PMSM 기반 SIDM 구동시스템

인 쇄: 2025년 11월 20일 초판 1쇄
발 행: 2025년 11월 26일 초판 1쇄

저 자: 이형우 · 이교범
발행인: 송 준
발행처: 도서출판 홍릉
주 소: 01093 서울시 강북구 인수봉로 50길 10
등 록: 1976년 10월 21일 제5-66호

전 화: 02-999-2274~5, 903-7037
팩 스: 02-905-6729
e-mail: hongpub@hongpub.co.kr
http://www.hongpub.co.kr
ISBN: 979-11-7570-008-6(93560)

정 가: 19,000원

본 저서는 산업통상자원부의 재원으로 한국에너지기술평가원의 지원을 받아 수행한 연구 과제(No. RS-2025-02314044)를 바탕으로 집필되었습니다.

들어가면서

최근 전동기 구동 시스템 분야에서는 인버터 수를 줄여 비용 절감과 시스템의 구조적 단순화를 달성할 수 있는 장점으로 인해, 단일 인버터 기반의 이중 전동기(Single inverter dual motor, SIDM) 구동 시스템이 새로운 대안으로 주목받고 있다. 특히, 고효율·고성능 전동기 기술의 수요가 증가하면서 영구자석 동기전동기(Permanent magnet synchronous motor, PMSM)를 기반으로 한 SIDM 구동 시스템의 연구가 활발히 진행되고 있다. PMSM은 높은 출력 밀도, 우수한 효율, 빠른 응답성을 제공한다는 장점으로 전기차, 항공기, 정밀 산업 장비 등 다양한 분야에서 널리 활용되고 있으며, 이에 따라 기존의 유도전동기 기반 SIDM 시스템을 PMSM 기반 구조로 대체하려는 움직임이 본격화되고 있다. 이러한 흐름은 단순한 비용 절감을 넘어, 고성능과 신뢰성을 동시에 만족시키려는 산업계와 학계의 요구를 반영한다.

그러나 PMSM 기반 SIDM 구동 시스템은 구조적 이점에도 불구하고 고유의 불안정성 문제를 내포하고 있다. 유도전동기와 달리 슬립 특성이 존재하지 않는 PMSM은 부하 차이나 외란 조건에서 자발적인 속도 보상이 이루어지지 않으며, 이로 인해 두 전동기 간 속도 및 회전자 위치 차이가 쉽게 누적된다. 이러한 차이는 결합 토크에 의한 진동을 유발하고, 나아가 전동기의 동기화 상실로 인한 탈조 현상으로 이어질 수 있다. 따라서 PMSM 기반 SIDM 구동 시스템의 실질적인 적용을 위해서는 이러한 고유 불안정성을 효과적으로 완화할 수 있는 제어 기법과 안정화 기술이 반드시 필요하다.

본 책에서는 PMSM 기반 SIDM 구동 시스템의 모델링과 안정성 분석을 체계적으로 다루며, 시스템의 불안정성을 다각도로 규명한다. 기계적 모델, 상태방정식, 공진 주파수 분석을 통해 시스템이 본질적으로 가지는 불안정성을 명확히 제시하고, 이를 억제하기 위한 다양한 제어 기법을 고찰한다. 또한, 산업 현장에서 비용 절감을 목적으로 활용되는 대표적인 센서리스 제어 기법과 그 응용 사례를 소개하고, PMSM 기반 SIDM 구동 시스템에서의 동손 최소화 기법 및 DPWM 적용 방안을 설명한다. 이를 통해 제시된 각 기법이 PMSM 기반 SIDM 구동 시스템에 어떠한 방식으로 응용될 수 있는지를 체계적으로 다룬다.

들어가면서

궁극적으로, 본 책은 PMSM 기반 SIDM 구동 시스템에 대한 기본 원리와 구조적 특성, 그리고 실질적인 제어 기법과 설계 방법론을 종합적으로 제시한다. 이를 통해 시스템의 고유 불안정성에 대한 이해를 높이고, 실제 응용에서 발생할 수 있는 다양한 문제에 대응할 수 있는 능력 향상에 기여하고자 한다. 더 나아가, 연구자와 엔지니어가 본 책을 바탕으로 새로운 제어 기법을 설계하고 응용하는 과정에서, 고성능·고신뢰성 전동기 구동 시스템 개발에 기여할 수 있을 것으로 기대한다.

차례

제1장
SIDM 구동 시스템의 개요

제2장
단일 인버터 기반 다중 병렬 전동기 구동 시스템

제3장
전동기 종류 별 SIDM 구동 시스템의 특성 및 제어방법

차례

차례

CHAPTER 01

SIDM 구동 시스템의 개요

1.1 시스템의 연구 배경

대부분의 상용 어플리케이션에서 제품의 가격 경쟁력은 제조업체가 최우선적으로 고려하는 핵심 요소 중 하나로 작용한다. 특히 오늘날과 같이 제품의 종류가 다양해지고 기술 경쟁이 치열해지는 산업 환경에서는 가격 경쟁력이 곧 시장 점유율과 직결되며, 이는 단순한 매출 증대를 넘어 제조업체의 장기적인 생존과 성장에 중대한 영향을 미친다. 실제로 동일한 성능을 제공하는 제품이라 하더라도, 보다 낮은 가격을 제시할 수 있는 업체가 시장에서 우위를 차지하는 경우가 많다. 따라서 제품 설계 단계에서부터 가격 경쟁력을 확보하기 위한 전략이 필수적으로 고려된다.

가격 경쟁력을 제고하기 위해서는 무엇보다도 제품의 최종 판매 가격을 낮추는 것이 필요하다. 이를 달성하기 위해서는 부품 단가 절감, 조립 공정의 단순화 및 최적화, 생산 효율성 향상, 그리고 전력 변환 시스템의 집적화와 같은 다양한 전략이 요구된다. 특히 전동기 구동 시스템과 같은 전력전자 기반 응용에서는 인버터, 센서, 제어기 등 필수적인 하드웨어의 수량을 줄이고 기능을 통합함으로써 전체 비용을 절감할 수 있다. 이 과정에서 시스템 구성 요소의 단순화와 소형화는 전체 시스템 비용에 직·간접적으로 큰 영향을 미치며, 이는 제품 설계의 초기 단계부터 반드시 고려되어야 하는 중요한 과제라 할 수 있다.

산업계에서는 이러한 필요성에 대응하기 위해 오랜 기간 동안 생산 비용을 줄이고 원가 절감을 실현하기 위한 다양한 연구와 기술 개발을 수행해 왔다. 특히 대량 생산이 이루어지는 분야에서는 단일 부품 단가의 소폭 절감만으로도 전체 생산 비용에 큰 차이를 만들 수 있기 때문에, 원가 절감은 단순한 선택이 아니라 경쟁에서 살아남기 위한 필수 전략으로 자리 잡고 있다. 이러한 경향은 특히 가전제품 및 소형 기계 응용 분야에서 두드러지게 나타난다. 예를 들어, 에어컨, 세탁기, 냉장고, 소형 공조기기 등에서는 제한된 공간 내에서 고효율 운전을 유지하면서도 제조 단가를 줄이는 것이 매우 중요한 설계 목표로 작용한다. 이 경우, 모터와 인버터의 일체화, 제어 하드웨어의 소프트웨어화, 센서리스 기법의 적용 등이 대표적인 비용 절감 전략으로 활용된다.

이외에도 산업 자동화 시스템, 전동 공구, 의료 기기, 운송 시스템과 같은 다양한 응용 분야에서도 비용 절감은 더 이상 선택적인 요소가 아니라 보편적이고 필수적인 요구 사항으로 인식되고 있다. 특히 자동화 설비의 경우, 모터 구동 장치가 전체 시스템 비용에서 차지하는 비중이 크기 때문에, 전력 변환 장치의 최적화와 센서 축소, 부품 집적화는 설비 전체의 경쟁력을 좌우하는 중요한 기술적 과제가 된다. 의료 기기 분야에서는 안정성과 신뢰성을 유지하면서도 가격을 낮추는 것이 시장 확대의 열쇠가 되며, 운송 시스템 분야에서는 다수의 전동기 구동 장치를 효율적으로 제어하여 부품 수를 줄이는 것이 핵심적인 비용 절감 방법으로 연구되고 있다.

이러한 산업 전반의 요구에 대응하기 위해 전동기 구동 시스템에서도 다양한 비용 절감 기술이 적극적으로 도입되고 있다. 그중 대표적인 접근 방식은 [그림 1.1]과 같이 하드웨어 센서를 소프트웨어 알고리즘으로 대체하는 기법이다. 예를 들어, 엔코더(Encoder)나 레졸버(Resolver)와 같은 위치/속도 센서를 제거하고 해당 정보들을 소프트웨어 기반 추정 기법으로 대체하는 센서리스 제어(Sensorless control) 기술은 센서 비용 절감뿐만 아니라 유지보수 측면에서도 장점을 제공한다. 또한 전류 센서의 개수를 최소화하기 위해 단일 전류 센서 기반의 상전류 복원(Current reconstruction) 기법이 널리 활용되며, 이는 측정 회로의 복잡성을 낮추고 전자 부품 비용 절감에 기여한다. 이와 같은 기술들은 일반적으로 단일 전동기 시스템에 적용되며, 해당 시스템의 구성 비용을 직접적으로 절감하기 위한 방안으로 활용된다.

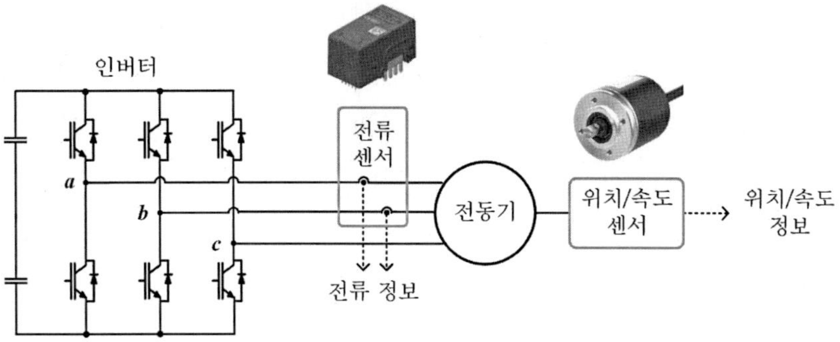

그림 1.1 전동기 구동 시스템에서 소프트웨어 알고리즘으로 대체 가능한 센서들

이와 동시에, 다수의 전동기를 포함하는 복합 시스템에서도 전반적인 시스템 구성을 간소화하여 비용을 절감하려는 접근이 주목받고 있다. 그 대표적인 예가 단일 인버터 기반의 이중 전동기(Single inverter dual motor, SIDM) 구동 시스템이다. SIDM 구동 시스템은 기존의 전동기 구동 방식이 하나의 인버터로 하나의 전동기를 구동하는 구조인 것과 달리, 하나의 인버터로 두 대의 전동기를 병렬로 연결하여 구동하는 방식이다.

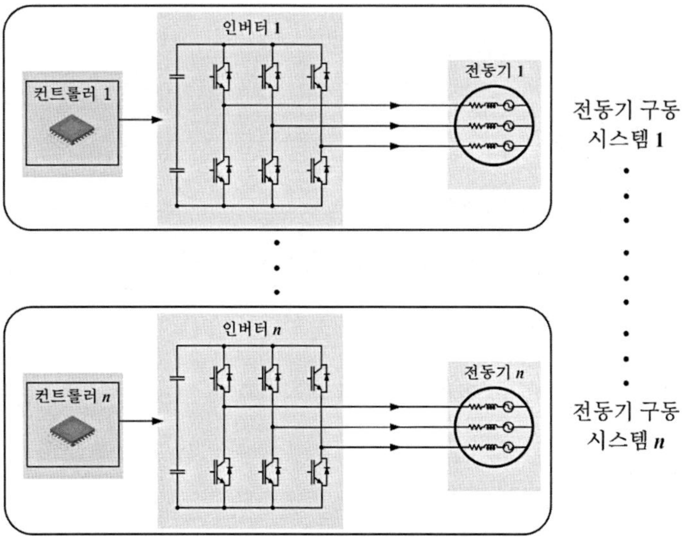

그림 1.2 단일 인버터–단일 전동기 기반의 다중 전동기 구동 시스템

통상적인 다중 전동기 구동 시스템은 [그림 1.2]와 같이 전동기 수와 동일한 개수의 인버터를 조합하여 구성된다. 이러한 방식은 구조적으로 직관적이고 제어가 상대적으로 용이하다는

장점이 있으나, 인버터의 개수가 전동기의 수에 비례해 증가함에 따라 전체 시스템의 비용과 크기가 크게 확대되는 문제를 수반한다. 특히 전력 변환 장치인 인버터는 전동기 구동 시스템 비용의 상당 부분을 차지하기 때문에, 다수의 인버터가 필요한 시스템에서는 전체 비용에서 인버터가 차지하는 비율이 급격히 커지는 경향이 있다. 또한 인버터 수가 증가하면 시스템 배선 복잡도, 제어 보드 수, 냉각 장치 규모 등 부수적인 비용과 설계 난이도 역시 함께 증가하게 된다.

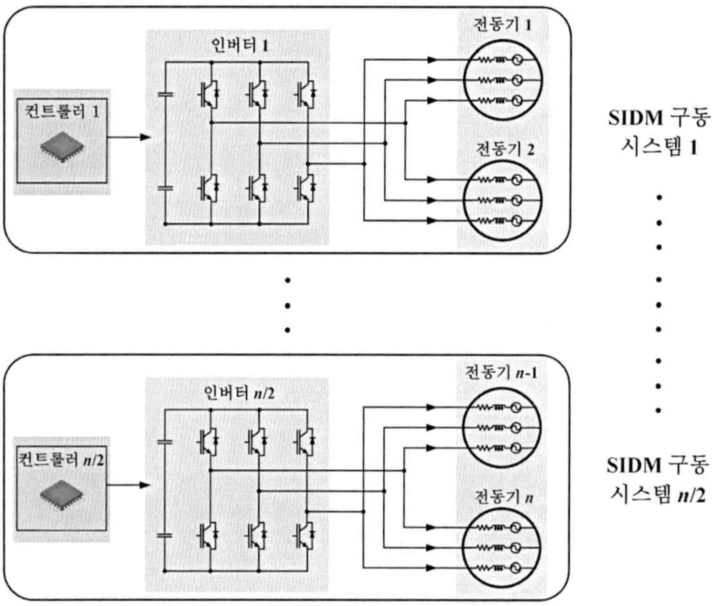

그림 1.3 SIDM 구동 시스템 기반의 다중 전동기 구동 시스템

이에 반해 SIDM 구동 방식을 적용하면, [그림 1.3]과 같이 다수의 전동기가 필요한 경우에도 인버터의 수를 절반으로 줄일 수 있다. 이는 전체 시스템의 구성 비용을 절감하는 데 효과적인 대안이 된다. 뿐만 아니라, 인버터 수의 감소는 단순히 비용 절감에 그치지 않고 시스템의 크기 축소와 무게 감소로 이어진다. 이는 특히 항공, 철도, 전기차, 가전제품과 같이 공간 제약이 존재하거나 경량화가 중요한 응용 분야에서 큰 이점을 제공한다.

물론 두 대의 전동기를 병렬로 연결하여 단일 인버터로 구동할 경우, 인버터에 사용되는 전력 반도체 소자와 수동 소자의 정격은 필연적으로 증가하게 된다. 인버터의 전류 용량이 두 전동기를 동시에 처리할 수 있도록 확장되어야 하고, 이에 따라 스위칭 소자, DC 링크 커패시터, 냉각 장치 등의 사양이 상향 조정된다. 그러나 이러한 추가 비용은 인버터 자체의 개수를 줄임으로써 얻는 절대적인 비용 절감 효과에 비해 상대적으로 작게 나타나는 경우가 많다. 따라서 인버터의 정격이 다소 상승하더라도, 시스템 차원에서의 경제성 확보에는 여전히 유리하다.

SIDM 시스템은 단순히 인버터의 수만 줄이는 데 그치지 않고, 마이크로 프로세서, 제어 회로, 드라이버 등 전자 제어 하드웨어의 수 또한 함께 줄일 수 있어 시스템의 통합화 및 최적화에 유리하다. 이러한 구조는 전체 시스템의 방열 설계에 있어서도 효과적이며, 유지 보수 측면에서도 단일 제어 블록 중심의 관리가 가능하다는 점에서 실용적인 이점을 제공한다.

하지만 하드웨어 간소화에 따라 발생하는 기술적 한계 역시 존재한다. SIDM 시스템은 두 전동기가 하나의 인버터 출력에 병렬로 연결되어 있으므로, 각 전동기에 인가되는 전압을 독립적으로 제어할 수 없다는 근본적인 구조적 제약이 있다. 결과적으로 인버터의 출력 전압은 두 전동기에 동일하게 인가되며, 이는 각 전동기의 운전 상태가 서로 영향을 주게 되는 원인이 된다. 특히, 외란이나 부하 변화가 발생할 경우, 각 전동기의 속도 및 전류 응답이 달라지면서 시스템 전체의 안정성이 저하될 수 있다. 이러한 구조적 특성으로 인해 SIDM 구동 시스템에서는 두 전동기의 속도가 인버터의 출력 주파수에 고정되며, 속도 및 부하 조건이 변화하더라도 두 전동기 간의 동기화(Synchronization)를 유지하는 것이 제어기의 주요 과제가 된다.

초기 SIDM 시스템 연구는 이러한 제어적 한계를 구조적으로 완화할 수 있는 접근으로 유도전동기를 중심으로 진행되었다. 유도전동기는 고유의 슬립(Slip) 특성으로 인해, 병렬 연결된 두 전동기가 서로 다른 부하를 가지더라도 슬립 비율의 차이를 통해 속도 불균형을 자연스럽게 조정할 수 있다. 다시 말해, 슬립이 증가한 전동기는 더 많은 전류를 끌어와 큰 부하를 감당하고, 슬립이 줄어든 전동기는 상대적으로 적은 부하를 처리하게 되므로 전체 시스템은 별도의 안정화 기법이 없이도 어느 정도의 동기화 특성을 자체적으로 유지할 수 있다. 이러한 점에서 유도전동기는 SIDM 구조에 적합하며, 실제로 초기 연구에서는 유도전동기가 널리 채택되었다.

최근에는 유도전동기를 대체하여 고성능 제어가 가능한 영구자석 동기전동기(Permanent

magnet synchronous motor, PMSM)를 SIDM 시스템에 적용하려는 연구가 활발히 이루어지고 있다. PMSM은 영구자석을 활용한 구조적 특성 덕분에 높은 출력 밀도와 효율, 우수한 속도 제어 응답 특성을 지니며, 특히 전기차, 항공기, 정밀 공정 장비 등 고성능이 요구되는 분야에서 그 활용이 증가하고 있다. 이러한 경향에 따라 PMSM을 기반으로 한 SIDM 시스템의 필요성도 자연스럽게 증가하고 있으며, 기존의 유도전동기 기반 SIDM 구동 시스템을 PMSM 기반 구조로 대체하고자 하는 연구들이 진행되고 있다.

그러나 PMSM 기반 SIDM 구동 시스템은 구조적 장점에도 불구하고 기존 유도전동기 기반 시스템에 비해 제어 난이도가 높다. PMSM은 슬립이 존재하지 않기 때문에 두 전동기 간의 자발적인 속도 보정이 불가능하며, 병렬 연결 시 부하 불균형에 의한 회전자 위치 차이와 속도 차이가 누적되면 속도 동기화가 유지되지 않고, 일정 수준 이상이 되면 동기화 상실(Step-out) 현상이 발생할 수 있다. 또한, 이러한 속도 및 위치 차이는 결합 토크(Coupling torque)로 인한 진동을 유발하며, 이는 토크 리플 증가 및 시스템 전반의 불안정성으로 이어진다. 특히, 외란이나 급격한 부하 변화가 발생하는 과도 상태에서는 이 같은 문제가 더욱 두드러지게 나타나며, 제어기의 설계가 부적절할 경우 전체 시스템이 불안정 상태로 진입할 가능성도 존재한다.

더불어, PMSM 기반 SIDM 구동 시스템은 특정 운전 주파수에서 시스템의 고유진동수와 일치하게 되는 경우 공진 현상이 발생할 수 있다. 이러한 공진은 속도 및 회전자 위치 차이에 따른 진동을 증폭시키며, 특히 저속 영역에서는 공진의 영향이 더욱 크게 나타나 시스템 전체의 안정성을 심각하게 저하시킬 수 있다. 결과적으로, 특정 속도 구간에서 전동기가 정상적인 동기 운전을 유지하지 못하고 동기화가 붕괴되는 상황에 이를 수 있으며, 이는 실제 산업 현장에서의 적용 가능성에 큰 제약을 가한다. 기존의 연구들에서도 이와 같은 공진 문제를 해결하기 위한 다양한 제어 전략이 제안되었으나, 이들 기법은 설계 복잡도가 높거나 부하 조건 변화에 민감하여 실용성 측면에서 제한이 존재한다.

따라서 PMSM 기반 SIDM 구동 시스템의 안정성을 확보하고, 다양한 운전 조건에서도 일관된 속도 동기화 성능을 유지할 수 있도록, 보다 정밀하고 강건한 제어 기법의 개발이 요구된다.

1.2 시스템의 응용 분야

SIDM 구동 시스템은 다수의 전동기가 동시에 동일한 속도로 운전되어야 하는 다양한 산업 및 상업적 응용 분야에서 활용되고 있으며, 주로 팬 부하나 펌프 구동과 같이 동기화 운전이 중요한 영역에서 큰 장점을 발휘한다. 일반적으로 이러한 시스템은 전체 장치의 기능적 안정성을 보장하기 위해 일정한 기계적 속도 동기화가 필수적으로 요구되며, 이는 단일 인버터 기반으로 다수의 전동기를 동시에 제어하는 SIDM 방식의 도입 배경이 된다.

이러한 요구에 부응하기 위해 실제 산업계에서는 이미 SIDM 구동 시스템과 같은 다중 전동기 구동을 위한 기능을 지원하는 상용 인버터 제품들이 제공되고 있다. Yaskawa 社, Siemens AG 社 등과 같은 주요 제작사에서는 관련 기능을 갖춘 고성능 상용 인버터를 제공하고 있으며, 주로 다수의 유도전동기 구동을 위한 V/f 기반 제어가 주로 활용된다. [그림 1.4]는 Siemens AG 社의 범용 상용 인버터인 MICROMASTER 440으로, 다수의 전동기를 병렬로 연결하여 동시에 구동할 수 있는 기능을 제공한다.

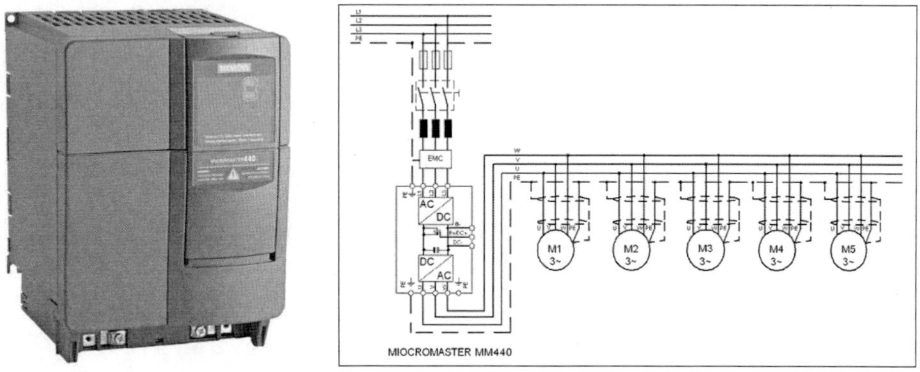

그림 1.4 Siemens AG 社의 범용 상용 인버터(MICROMASTER 440)와 해당 인버터가 지원하는 다중 전동기의 병렬 구동 기능

앞서 언급한 바와 같이, 단일 인버터 기반 다중 전동기 구동은 이미 산업계에서 다양한 방식으로 구현되고 있다. 이러한 SIDM 구동 시스템이 실제로 활용되는 대표적인 응용 분야들과 응용 가능성이 높은 산업 분야들은 아래와 같다.

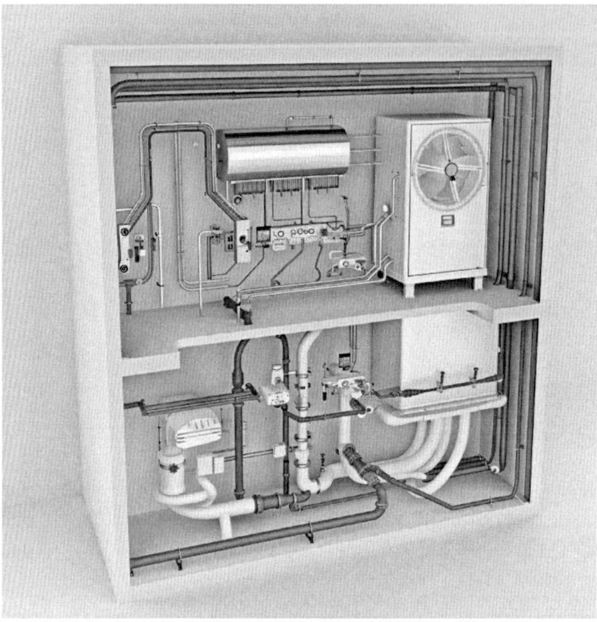

그림 1.5 HVAC 시스템의 구성 예시

1 HVAC 시스템

대표적인 응용 사례로는 [그림 1.5]의 난방, 환기 및 공조(Heating, ventilation, and air conditioning, HVAC) 시스템을 들 수 있다. HVAC 시스템은 현대 건축물, 산업 플랜트, 교통수단 등 거의 모든 생활·산업 공간에 적용되는 핵심 설비로서, 다수의 팬, 펌프, 압축기, 열교환기, 밸브 및 인버터 등으로 구성된다. 이 가운데 팬과 펌프는 공기와 냉매를 이송하는 핵심 장치로, 동일한 속도 운전을 통해 시스템 전체의 열적 평형을 유지해야 한다. 예를 들어, 대형 빌딩의 중앙 공조 설비에서는 수십 대의 팬이 동시에 작동하여 내부 공간에 균일한 공기 흐름을 공급해야 하며, 일부 팬이 다른 속도로 동작할 경우 특정 구역에 냉난방 불균형이 발생할 수 있다.

SIDM 구동 방식이 HVAC 시스템에 적용될 경우, 각 팬이나 펌프를 별도의 인버터로 제어하는 방식 대비 인버터 수를 크게 줄일 수 있다. 이는 곧 장치 설치 공간 절약, 제어 회로 단순화, 유지보수 비용 절감으로 이어진다. 특히 HVAC 시스템은 장시간 연속 운전이 일반적이기 때문에, 인버터 수 감소에 따른 발열 저감과 시스템 신뢰성 향상 효과도 무시할 수 없다. 또한 에너지 효율 측면에서도, 단일 인버터 기반의 집약적 제어는 불필요한 대기 전력 손실을 줄일 수 있으며, 이는 대형 빌딩이나 산업 설비에서 연간 상당한 수준의 에너지 절감 효과를 제공할 수 있다.

그림 1.6 산업용 컨베이어 시스템

2 산업 자동화 및 컨베이어 시스템

산업 자동화 설비와 생산 라인에서도 SIDM 구동은 중요한 응용 분야이다. [그림 1.6]의 컨베이어 시스템은 여러 개의 구동 모터가 연결된 벨트를 일정한 속도로 운전해야만 제품의 이송이 균일하게 이루어지며, 생산 품질과 공정 효율성이 유지된다. 만약 일부 모터 속도가 다른 모터와 불일치하면 제품 적재 불균형, 위치 정렬 불량, 후속 공정의 타이밍 오류가 발생하여 생산 라인 전체의 불량률이 증가할 수 있다. 따라서 모든 모터의 정밀한 동기화는 필수적이다.

컨베이어 라인의 경우, 수십 미터에서 수백 미터에 이르는 긴 구간에 다수의 모터가 배치되는데, 이 모든 모터를 개별 인버터로 제어하면 장치 수 증가로 인한 비용과 제어 복잡도가 기하급수적으로 커진다. SIDM 구동 시스템은 이러한 한계를 완화하는 효과적인 대안으로, 한 대의 인버터로 여러 모터를 병렬 제어함으로써 제어기 수, 배선 길이, 설치 공간 모두를 절감할 수 있다. 실제로 물류센터, 자동차 조립 라인, 반도체 제조 설비 등 다양한 산업 현장에서

SIDM 방식의 적용 가능성이 검토되고 있으며, 특히 인버터 수를 줄여 시스템의 경제성을 확보해야 하는 대규모 설비에서 그 활용도가 부각되고 있다. 다만, 제어 정밀도 측면에서는 단일 인버터-단일 전동기 방식에 비해 제약이 존재하므로, 균일한 이송 품질이 핵심인 공정에는 보완적 제어 기법의 적용이 함께 고려되어야 한다.

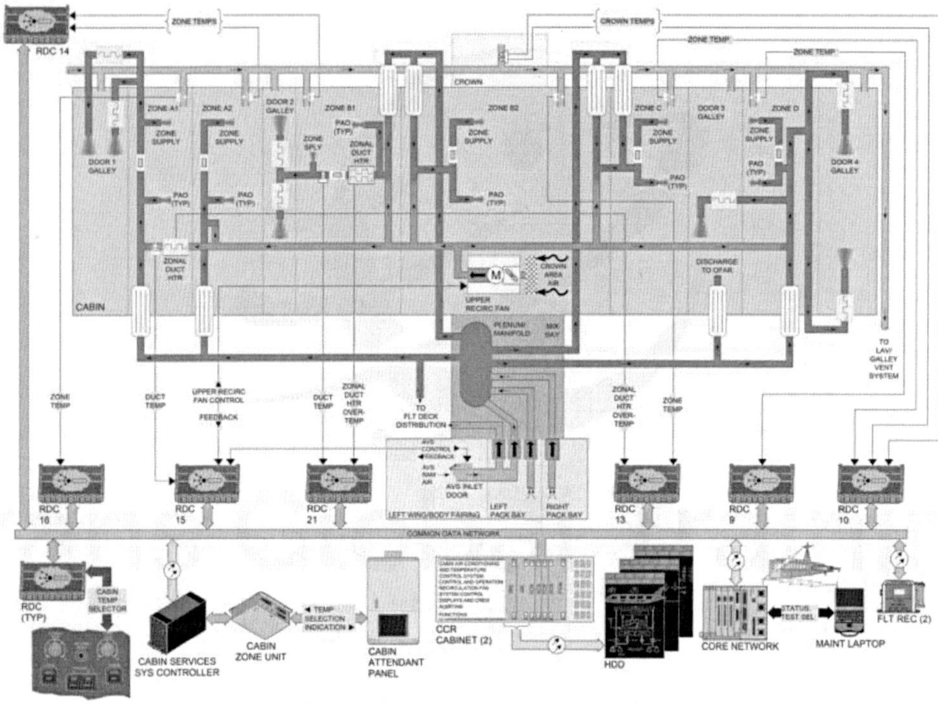

그림 1.7 Boeing 社의 Boeing 787 기내 공조 시스템의 구성

3 항공기 기내 공조 시스템

[그림 1.7]의 항공기 기내 공조 시스템 또한 SIDM 구동의 대표적 응용 사례이다. 항공기 내부에서는 여압 유지와 승객 쾌적성 확보를 위해 여러 개의 팬이나 블로워 모터가 병렬로 운전된다. 이들 모터는 일정한 속도로 동작하여 객실 내부의 압력과 공기 흐름을 균일하게 유지해야 한다. 만약 일부 팬 속도가 미세하게라도 어긋나면 기류 불균형이 발생하고, 이는 승객 불편을 넘어 항공기 전체의 안정성에까지 영향을 미칠 수 있다. 따라서 각 모터가 동기화된

속도를 유지하는 것은 필수적이다. SIDM 구동 방식을 항공기 공조 시스템에 적용하면, 별도의 인버터를 각 팬에 장착하지 않고도 모든 팬을 하나의 인버터로 제어할 수 있게 된다. 이는 항공기 내부 공간 절약과 무게 감소라는 직접적 장점으로 이어지며, 결과적으로 연료 효율 향상과 운영 비용 절감 효과를 동시에 달성할 수 있다. 특히 항공산업은 수 킬로그램의 무게 절감만으로도 막대한 연료 비용 절감 효과를 가져오기 때문에, 인버터 수 절감에 따른 경량화는 매우 큰 의미를 가진다.

4 운송 시스템(철도 및 전기자동차)

운송 분야에서도 SIDM 구동 시스템은 매우 중요한 응용 가능성을 지닌다. 철도 추진 시스템에서는 다수의 구동축에 장착된 전동기들이 동일한 속도를 유지해야 하며, 열차가 곡선 구간을 주행하거나 구간별 궤도 저항이 달라지는 상황에서도 전체 차량이 균일하게 움직여야 승차감과 안정성을 확보할 수 있다. 만약 전동기 간 속도 차이가 발생하면 특정 축에 과도한 부하가 집중되어 구동 장치 손상이나 탈선 위험으로 이어질 수 있다. 따라서 다중 모터의 완전한 동기화는 철도 안전의 핵심 요건 중 하나이다. SIDM 시스템은 이러한 요구를 충족시키면서도 인버터 개수를 줄여 비용과 공간을 절약할 수 있다는 점에서 매우 매력적인 접근이다.

전기자동차에서도 듀얼 모터 구동 구조(전륜/후륜 모터 병렬 구동)가 점차 보편화되고 있는데, 이 경우에도 SIDM 구동 시스템의 적용 가능성이 존재한다. 일반적으로 EV는 두 개의 인버터를 사용해 각각의 모터를 제어하지만, SIDM 구동 방식을 적용하면 인버터 수를 절감할 수 있다. 물론 이 경우 두 모터의 속도와 토크를 동시에 동기화해야 하는 높은 제어 난이도가 뒤따르지만, 최근의 고성능 제어 알고리즘과 WBG 소자의 발전은 이러한 한계를 점차 극복하고 있다.

5 응용 분야의 확장 가능성

이러한 응용 사례는 철도, 항공, HVAC, 컨베이어 시스템에 국한되지 않는다. 대규모 산업 자동화 라인에서 다수의 펌프나 송풍기가 동일 속도로 운전되어야 하는 경우에도 SIDM 구동 방식은 배선 단순화와 유지보수 효율성 향상이라는 장점을 제공할 수 있다. 또한 풍력 발전 시스템과 같이 다중 구동축 동기화 문제가 발생하는 분야에서도 SIDM 제어 개념을 응용할 수 있으며, 이는 향후 새로운 연구 분야로 확장될 가능성이 있다.

이와 같이 SIDM 구동 시스템은 다수 전동기의 병렬 운전을 기반으로 하여 시스템 전체의 기능적 일관성과 신뢰성을 유지하는 데 중요한 역할을 한다. 또한 실제 응용 환경에서는 부하 조건 변화, 외란, 그리고 외부 환경 요인들이 동시에 작용하므로 각 전동기의 속도를 일관되게 유지하는 것은 결코 단순하지 않다. 이에 따라 SIDM 구동 시스템은 단순한 하드웨어적 장점에 더해, 전동기 간 속도 동기화 안정성을 보장하는 제어 기법의 중요성이 부각된다. 즉, 동기화 성능은 전체 시스템의 에너지 효율, 안정성, 신뢰성을 좌우하는 요인으로 작용한다.

1.3 참고문헌

[1] H. Sun, X. Zhang, X. Liu, and H. Su, "Adaptive Robust Sensorless Control for PMSM Based on Improved Back EMF Observer and Extended State Observer," *IEEE Trans. Ind. Electron.*, vol. 71, no. 12, pp. 16635–16643, Jun. 2024.

[2] G. Bi et al., "High-Frequency Injection Angle Self-Adjustment based Online Position Error Suppression Method for Sensorless PMSM Drives," *IEEE Trans. Power Electron.*, vol. 38, no. 2, pp. 1412–1417, Feb. 2023.

[3] F. Jiang et al., "Robustness Improvement of Model-Based Sensorless SPMSM Drivers Based on An Adaptive Extended State Observer and An Enhanced Quadrature PLL," *IEEE Trans. Power Electron.*, vol. 36, no. 4, pp. 4802–4814, Apr. 2021.

[4] Y. Gu, F. Ni, D. Yang, and H. Liu, "Switching-State Phase Shift Method for Three-Phase-Current Reconstruction with a Single DC-link Current Sensor," *IEEE Trans. Ind. Electron.*, vol. 58, no. 11, pp. 5186–5194, Nov. 2011.

[5] D.-W. Seo, Y. Bak, and K.-B. Lee, "An Improved Rotating Restart Method for a Sensorless Permanent Magnet Synchronous Motor Drive System Using Repetitive Zero Voltage Vectors," *IEEE Trans. Ind. Electron.*, vol. 67, no. 5, pp. 3496–3504, May 2020.

[6] J. M. Lazi, Z. Ibrahim, M. Sulaiman, I. W. Jamaludin, and M. Y. Lada, "Performance Comparison of SVPWM and Hysteresis Current Control for Dual Motor Drives," in *Proc. IEEE Appl. Power Electron.* Colloq., Johor Bahru, Malaysia, 2011, pp. 75–80.

[7] L. Tang and G. Su, "High-Performance Control of Two Three-Phase Permanent-Magnet Synchronous Machines in an Integrated Drive for Automotive Applications," *IEEE Trans. Power Electron.*, vol. 23, no. 6, pp. 3047–3055, Nov. 2008.

[8] A. Bouscayrol, M. Pietrzak-David, P. Delarue, R. Pena-Eguiluz, P. Vidal, and X. Kestelyn, "Weighted Control of Traction Drives with Parallel-Connected AC Machines," *IEEE Trans. Ind. Electron.*, vol. 53, No. 6, pp. 1799–1806, Dec. 2006.

[9] I. X. Bogiatzidis, A. N. Safacas, E. D. Mitronikas, and G. A. Christopoulos, "A Novel Control Strategy Applicable for a Dual AC Drive with Common Mechanical Load," *IEEE Trans. Ind. Appl.*, vol. 48, No. 6, pp. 2022–2036, Nov./Dec. 2012.

[10] F. Xu, L. Shi, and Y. Li, "The Weighted Vector Control of Speed-Irrelevant Dual Induction Motors fed by The Single Inverter," *IEEE Trans. Power Electron.*, vol. 28, no. 12, pp. 5665–5672, Dec. 2013.

[11] A. Bouscayrol et al., "Weighted Control of Traction Drives with Parallel Connected AC Machines," *IEEE Trans. Ind. Electron.*, vol. 53, no. 6, pp. 1799–1806, Dec. 2006.

[12] K. Matsuse, H. Kawai, Y. Kouno, and J. Oikawa, "Characteristics of Speed Sensorless Vector Controlled Dual Induction Motor Drive Connected in Parallel fed by a Single Inverter," *IEEE Trans. Ind. Appl.*, vol. 40, no. 1, pp. 153–161, Jan./Feb. 2004.

[13] P. M. Kelecy and R. D. Lorenz, "Control Methodology for Single Inverter, Parallel Connected Dual Induction Motor Drives for Electric Vehicles," in *Proc. Power Electron. Specialist Conf.*, 1994, pp. 987–991.

[14] R. Gunabalan, P. Sanjeevikumar, F. Blaabjerg, O. Ojo, and V. Subbiah, "Analysis and Implementation of Parallel Connected Two Induction Motor Single Inverter Drive by Direct Vector Control for Industrial Application," *IEEE Trans. Power Electron.*, vol. 30, no. 12, pp. 6472–6475, Dec. 2015

[15] P. Ghani, M. Arasteh, and H. R. Tayebi, "Analysis of Electromechanical Model of Traction

System with Single Inverter Dual Induction Motor," in *Proc. 7th Power Electron. Drive Syst. Technol. Conf.*, 2016, pp. 99–104.

[16] T. Inoue, S. Ito, K. Azegami, Y. Nakajima, and K. Matsuse, "Dynamic Performance of Sensorless Vector Controlled Multiple Induction Motor Drive Connected in Parallel Fed by Single Inverter," in *Conf. Rec. Ind. Appl. Soc. Meet.*, Orlando, FL, USA, Oct. 2011, pp. 1–6.

[17] T. Nagano and J. Itoh, "Design of Multi-Parallel Drive Technique for System with Numbers of Permanent Magnet Synchronous Motors," *2013 IEEE 10th International Conference on Power Electronics and Drive Systems (PEDS)*, 2013, pp. 193–198.

[18] N. L. Nguyen, M. Fadel, and A. Llor, "A New Approach to Predictive Torque Control with Dual Parallel PMSM System," in *Proc. IEEE Int. Conf. Ind. Technol.*, Cape Town, South Africa, 2013, pp. 1806–1811.

[19] I. X. Bogiatzidis, A. N. Safacas, E. D. Mitronikas, and G. A. Christopoulos, "A Novel Control Strategy Applicable for a Dual AC Drive with Common Mechanical Load," *IEEE Trans. Ind. Appl.*, vol. 48, no. 6, pp. 2022–2036, Nov./Dec. 2012.

[20] G. Su and J. S. Hsu, "A Five-Leg Inverter for Driving a Traction Motor and a Compressor Motor," *IEEE Trans. Power Electron.*, vol. 21, no. 3, pp. 687–692, May 2006.

[21] D. Xiao and H. Shan, "Performance Evaluation of Dual-Motor Driving System for Pipe Belt Conveyor Based on Current Tracking Master-Slave control," in *Proc. Chin. Control Decis. Conf.*, 2019, pp. 2540–2545.

[22] Y. Cho, K.-B. Lee, J.-H. Song, and Y. I. Lee, "Torque-Ripple Minimization and Fast Dynamic Scheme for Torque Predictive Control of Permanent Magnet Synchronous Motors," *IEEE Trans. Power Electron.*, vol. 30, no. 4, pp. 2182–2190, Apr. 2015.

[23] X. Song, J. Fang, B. Han, and S. Zheng, "Adaptive Compensation Method for High-Speed Surface PMSM Sensorless Drives of EMF-Based Position Estimation Error," *IEEE Trans. Power Electron.*, vol. 31, no. 4, pp. 1438–1449, Feb. 2016.

[24] S.-K. Kim, J.-S. Lee, and K.-B. Lee, "Self-Tuning Adaptive Speed Controller for Unknown Permanent Magnet Synchronous Motor," *IEEE Trans. Power Electron.*, vol. 32, no. 2, pp. 1493–1506, Feb. 2016.

[25] H.-W. Lee, S.-J. Jang, and K.-B. Lee, "Advanced DPWM Method for Switching Loss Reduction in Isolated DC Type Dual Inverter with Open-End Winding IPMSM," *IEEE Access*, vol. 11, pp. 2700–2710, 2023.

[26] T.-I. Yeam and D.-C. Lee, "Design of Sliding-Mode Speed Controller with Active Damping Control for Single-Inverter Dual-PMSM Drive Systems," *IEEE Trans. Power Electron.*, vol. 36, no. 5, pp. 5794–5801, May 2021.

[27] G. Brando, L. Piegari, and I. Spina, "Simplified Optimum Control Method for Monoinverter Dual Parallel PMSM Drive," *IEEE Trans. Ind. Electron.*, vol. 65, no. 5, pp. 3763–3771, May 2018.

[28] H.-W. Lee and K.-B. Lee, "Simplified Model Predictive Current Control of a Mono-Inverter Dual Parallel Permanent Magnet Synchronous Motors," *2024 IEEE Energy Conversion Congress and Exposition (ECCE)*, pp. 6357–6361.

[29] G.-J. Nam, H.-W. Lee, and K.-B. Lee, "A Gain Design Strategy for an Active Damping Controller of a MIDP Permanent Magnet Synchronous Motors Drive System," *2024 IEEE Energy Conversion Congress and Exposition (ECCE)*, pp. 6060–6064.

[30] Y. Kim and J. Ha, "Novel Topology and Control of Single Inverter System for Two Permanent Magnet Synchronous Machines," *2014 IEEE Applied Power Electronics Conference and Exposition - APEC 2014*, 2014, pp. 833–837.

[31] Y. Lee and J.-I. Ha, "Minimization of Stator Currents for Mono Inverter Dual Parallel PMSM Drive System," in *Proc. Int. Power Electron.*, Conf., Hiroshima, Japan, 2014, pp.3140–3144.

[32] Y. Lee and J. Ha, "Analysis and Control of Mono Inverter Dual Parallel SPMSM Drive System," in *Proc. IEEE Energy Convers. Congr. Expo.*, 2014, pp. 4843–4849.

[33] Y. Lee and J.-I. Ha, "Analysis of Parameter Variations on Mono Inverter Dual Parallel SPMSM Drive System," in *Proc. 9th Int. conf. Power Electron./IEEE Energy Convers. Congr. Expo. Asia*, Seoul, South Korea, 2015, pp. 1875–1880.

[34] T. Nagano and J.-I. Itoh, "Parallel Connected Multiple Drive System Using Small Auxiliary for Numbers of PMSM," in *Proc. Int. Power Electron. Conf.*, May 2014, pp. 1253–1260.

[35] https://www.chiorinoukblog.com/

[36] https://www.autonics.com/kr/main

[37] https://www.lem.com/en

[38] Siemens AG, Operation with more than one motor (multi motor) MICROMASTER 4, FAQ-CD7F6930, Version 1.7, Sep. 2016.
https://support.industry.siemens.com/cs/ww/en/view/14390055

[39] K. Dekker and J. Koepke, “VFDs can control multiple motors,” Automation.com, Feb. 2011. http://www.automation.com/resources-tools/articles-white-papers/motor-drives-control/vfds-can-control-multiple-motors

[40] Siemens AG, MICROMASTER 440 Operating Instructions (Issue 12/02), Operating Instructions 6SE6400-5AW00-0BP0, 2002. Siemens AG website (Document ID 6SE6400-5AW00-0BP0)

[41] https://www.transglobaltraining.com/boeing-787-air-conditioning/

CHAPTER 02 단일 인버터 기반 다중 병렬 전동기 구동 시스템

본 장에서는 단일 인버터 기반 다중 전동기 구동 시스템의 구조적 특성과 그 운전 특성에 기초하여 적용 가능한 다양한 제어 기법들을 체계적으로 고찰하고자 한다. SIDM 시스템은 최근 비용 절감과 시스템 소형화의 요구에 부응하여 다양한 산업 응용 분야에서 주목받고 있으며, 이에 따라 기존의 단일 전동기 제어 체계와는 구별되는 새로운 제어 접근 방식이 필요하게 되었다. 이를 위해 본 장은 시스템의 구조와 연결 방식, 전동기 종류에 따른 동작 특성, 그리고 제어 기법의 적용 가능성과 한계에 대한 분석을 포함하고 있다.

우선, 2.1절에서는 단일 인버터를 이용한 병렬 전동기 구동 방식과, 각 전동기에 개별 인버터를 적용하는 방식 간의 특성 차이를 비교함으로써 단일 인버터 기반 시스템이 제공하는 하드웨어적 간소화의 이점과 동시에 내재하고 있는 전압 인가의 제약, 제어 자유도의 감소 등 구조적 한계에 대해 논의한다. 이러한 비교는 각 시스템의 비용 구조, 제어 복잡도, 운용 효율성 측면에서 SIDM 구동 시스템이 갖는 포지션을 명확히 이해하는 데 기초가 된다.

2.2절에서는 전력 변환기의 상 수에 따른 다중 전동기 구동 시스템의 구성 방식에 대해 분석한다. 3상, 4상, 5상 인버터를 기반으로 하는 시스템 구조는 각기 다른 전동기 수용 능력과 전압 벡터 생성 가능성에 따라 제어의 유연성과 정밀도에 차이를 보인다. 본 절에서는 각 구조의 연결 방식과 전동기 간 상호작용, 제어 자유도의 수준 등 다양한 측면에서 분석하며, 실제 적용 가능한 시스템 설계 예시와 함께 설명한다.

2.3절에서는 유도전동기를 기반으로 구성된 SIDM 구동 시스템을 대상으로 한다. 유도전동

기는 슬립 특성을 통해 병렬 운전 시 각 전동기 간의 부하 불균형을 자연스럽게 조절할 수 있는 장점이 있으며, 이로 인해 초기 SIDM 시스템에서는 널리 채택되었다. 본 절에서는 슬립에 기반한 속도 보정 메커니즘, 자속 포화로 인한 제어 한계, 전류 분배의 안정성 등을 중심으로 기존 문헌에서 제시된 다양한 제어 기법들을 정리하고, 각각의 제어 전략이 실제 시스템에 적용되었을 때의 효과 및 한계점에 대해 고찰한다.

마지막으로, 2.4절에서는 PMSM을 기반으로 하는 SIDM 시스템의 제어 특성과 관련 기법을 다룬다. PMSM은 슬립이 존재하지 않는 구조적 특성으로 인해 병렬 운전 시 전동기 간 속도 동기화 및 위상 차이 문제가 심화되며, 그에 따른 공진 현상과 시스템 불안정성이 주요한 제어 이슈로 대두된다. 본 절에서는 이러한 불안정성을 해결하기 위해 제안된 대표적인 제어 기법들의 개요와 그 적용에 따른 시스템 안정성 향상 효과를 고찰한다. 또한 각 기법의 장단점 및 실용성 측면에서의 비교 분석을 통해 PMSM 기반 SIDM 시스템에 적합한 제어 전략 수립을 위한 기술적 근거를 제공한다.

2.1 단일 인버터-단일 전동기 기반 시스템과의 비교

다중 전동기 구동 시스템은 일반적으로 두 가지 기본적인 구성 방식으로 분류된다. 첫 번째는 각 전동기에 개별 인버터를 독립적으로 적용하는 방식이며, 두 번째는 하나의 인버터가 여러 전동기를 동시에 제어하는 단일 인버터 기반 구동 방식이다. 전자의 구성은 [그림 1.1]에, 후자의 구성은 [그림 2.1]에 각각 도식화되어 있으며, 이 두 방식은 시스템 설계 목적, 제어 전략의 복잡도, 비용 구조, 설치 공간 등의 측면에서 서로 다른 장단점을 갖는다.

먼저, 개별 인버터 방식은 각 전동기에 독립적인 인버터를 구성함으로써 전력 변환 및 제어를 각각의 모터 단위로 수행할 수 있다는 장점을 갖는다. 이는 제어의 유연성을 극대화할 수 있는 구조로, 전동기 간 부하 조건이 서로 다르거나 정밀한 속도 및 위치 제어가 필요한 경우 이상적인 선택이 될 수 있다. 예를 들어, 반도체 제조 장비, 정밀 로봇, 항공기 구동 시스템과 같이 고정밀이 요구되는 응용에서는 각 전동기를 독립적으로 제어함으로써 전체 시스템의

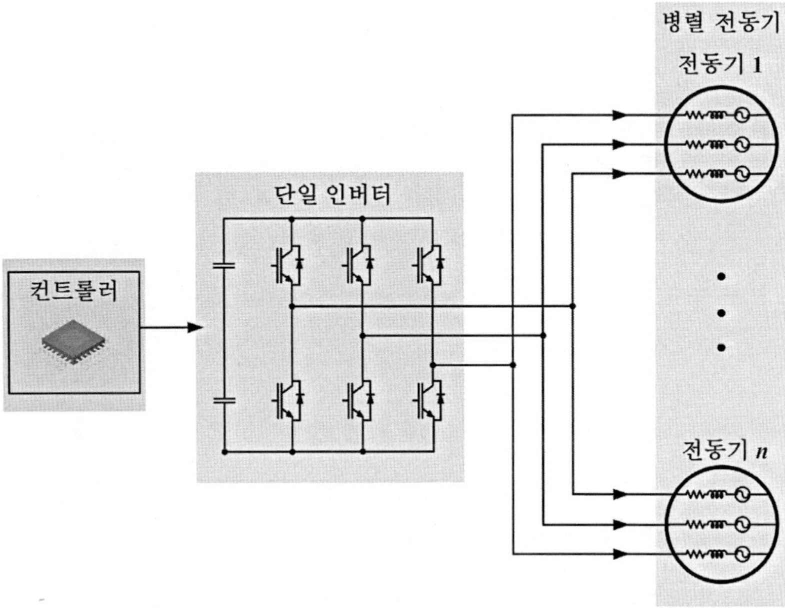

그림 2.1 단일 인버터 기반의 다중 전동기 구동 시스템

제어 성능을 최적화할 수 있다. 또한, 각 인버터에 고유의 제어 알고리즘을 적용함으로써 전동기별 특성과 운전 조건을 세밀하게 반영할 수 있어, 고속 응답성과 높은 제어 정밀도를 달성할 수 있다.

그러나 이러한 구조는 전동기 수에 비례하여 인버터의 수도 함께 증가하기 때문에, 시스템의 하드웨어 구성 비용이 급격히 상승하고 전체 시스템의 복잡성이 증가한다는 단점을 내포한다. 다수의 인버터를 사용하는 경우에는 제어기, 드라이버, 전류 센서, 방열 장치 등의 수가 함께 증가하게 되며, 이로 인해 시스템 전체의 물리적 크기 및 무게가 증가하고, 설치 공간의 제약이 커질 수 있다. 더불어, 전자기 간섭(EMI)의 가능성도 증가하며, 다수의 인버터 간의 동기화 및 상호작용 제어가 요구되는 경우 제어 알고리즘이 매우 복잡해질 수 있다. 특히 고속 통신 네트워크를 통해 다수의 인버터 간 실시간 데이터를 주고받아야 하는 경우, 통신 지연이나 오차로 인해 시스템의 안정성이 저하될 가능성도 존재한다.

반면, 단일 인버터 기반의 다중 전동기 구동 시스템은 하나의 인버터로 두 개 이상의 전동기를 병렬로 연결하여 동시에 구동하는 구조로, 하드웨어 간소화와 비용 절감 측면에서 큰 이점을 제공한다. 이 방식은 기존의 단일 인버터-단일 전동기 제어 구조에서 사용되던 전력변환 소자, 제어 회로, 마이크로프로세서, 센서류의 수를 대폭 줄일 수 있으며, 이에 따라 시스템의 구성 요소가 간단해지고 전체적인 부품 수가 감소하여 비용을 절감할 수 있다. 또한, 인버터의 정격 전류가 증가하더라도, 전체 시스템에서 필요한 전력반도체 소자의 수는 개별 인버터 방식보다 감소하며, 이를 통해 전력 회로의 밀집화와 공간 효율화가 가능해진다. 이러한 구조는 특히 공간 및 무게 제약이 큰 응용, 예를 들어 전기차, 항공기 공조 시스템, 고밀도 산업 장비 등에서 유리하게 작용한다.

이와 같은 단일 인버터 기반 시스템은 시스템 통합 관점에서도 여러 가지 이점을 갖는다. 마이크로프로세서, 게이트 드라이버, 전류 센서 등 제어 시스템을 구성하는 주요 하드웨어의 수를 줄일 수 있으며, 그 결과 전체 제어 회로의 집적화가 가능하고 유지보수 측면에서도 단일 시스템에 대한 점검이 용이해진다. 예를 들어, 인버터 고장 시 수리 대상이 하나의 인버터에 국한되므로 점검 및 교체 절차가 단순화될 수 있으며, 고장 진단 알고리즘과 허용 제어 알고리즘 역시 단일 인버터만을 고려하면 되므로 상대적으로 구현 및 적용이 용이하다.

또한, 단일 인버터 구동 방식은 냉각 시스템의 효율화라는 추가적인 장점을 제공한다. 다수의 인버터를 사용하는 구조에서는 각 인버터별로 개별 방열판, 냉각 팬, 혹은 액체 냉각 장치가 필요하지만, 단일 인버터 방식에서는 통합된 냉각 구조를 적용할 수 있어 열관리 설계를 최적화할 수 있다. 이러한 냉각 구조의 단순화는 시스템 설계 및 제조 공정의 복잡도를 낮추며, 비용과 에너지 소비 절감에도 기여한다. 단, 하나의 인버터가 모든 전동기의 전력을 공급하므로 인버터의 발열량이 상대적으로 증가하며, 냉각 시스템의 설계 시에는 출력 정격, 부하의 변동 특성, 운전 시간 등의 요소를 종합적으로 고려해야 한다.

하지만 이와 같은 여러 하드웨어적 이점에도 불구하고, 단일 인버터 기반 다중 전동기 시스템은 제어 측면에서 구조적인 제약이 존재한다. 가장 큰 제약은 전동기 간의 제어 자유도가 현저히 감소한다는 점이다. 단일 인버터를 통해 공급되는 전압은 병렬로 연결된 모든 전동기에 동일하게 인가되므로, 각 전동기별로 전압을 독립적으로 조정할 수 없게 된다. 특히 3상 인버터를 사용하는 SIDM 구동 시스템의 경우 세 개의 상이 모두 전체 전동기에 공유되며, 제어 자유도가 가장 낮은 구조에 해당한다.

이로 인해 각 전동기 간에 발생하는 부하 불균형이나 속도 차이를 개별적으로 보정하기 어려우며, 결과적으로 전동기 간의 동기화 유지가 어려워진다. 특히, 인버터의 출력 전압 주파수에 의해 전동기의 속도가 결정되므로, 병렬로 연결된 모든 전동기는 동일한 속도로 동작해야 하는 제한이 존재한다. 만약 하나의 전동기에만 부하가 가해질 경우, 해당 전동기에서 발생하는 부하 토크가 전류 분배에 영향을 주며 다른 전동기에도 영향을 미치게 되어 시스템 전체의 속도 및 토크 안정성이 저하될 수 있다.

더 나아가, 부하 불균형이 장기간 지속되거나 외란이 반복적으로 발생하는 경우, 전동기 간의 속도 및 위상 차이가 누적되어 토크 진동이 발생할 수 있다. 이러한 문제는 시스템의 성능 저하뿐 아니라, 과도한 진동으로 인한 기계적 손상 및 전력 손실 증가로 이어질 수 있어, 고도화된 제어 전략 및 안정화 기법의 도입이 요구된다.

결론적으로, 단일 인버터 기반 다중 전동기 구동 시스템은 시스템 구성의 간소화, 비용 절감, 공간 효율화, 유지보수 편의성 등의 다양한 하드웨어적 이점을 제공한다. 그러나 동시에 전동기 간 제어 자유도의 제한, 동기화 유지의 어려움, 공진 및 토크 진동과 같은 제어적 제약이 수반되며, 이를 극복하기 위해서는 시스템 구조에 대한 이해와 함께, 제어 이론 및 전력전자 기술의 융합을 통한 정교한 제어 알고리즘 개발이 요구된다.

2.2 시스템의 형태

단일 인버터 기반 다중 전동기 구동 시스템은 시스템 설계 목적, 전력 변환기 구조, 그리고 병렬로 연결되는 전동기의 특성에 따라 다양한 형태로 구성될 수 있다. 이러한 시스템은 하나의 인버터가 복수의 전동기에 전력을 동시에 공급하는 구조로, 전체 시스템의 하드웨어 구성 간소화와 비용 절감을 동시에 달성할 수 있다는 장점 때문에 최근 산업 자동화, 가전기기, 전기차, 항공 시스템 등 다양한 분야에서 그 활용도가 증가하고 있다.

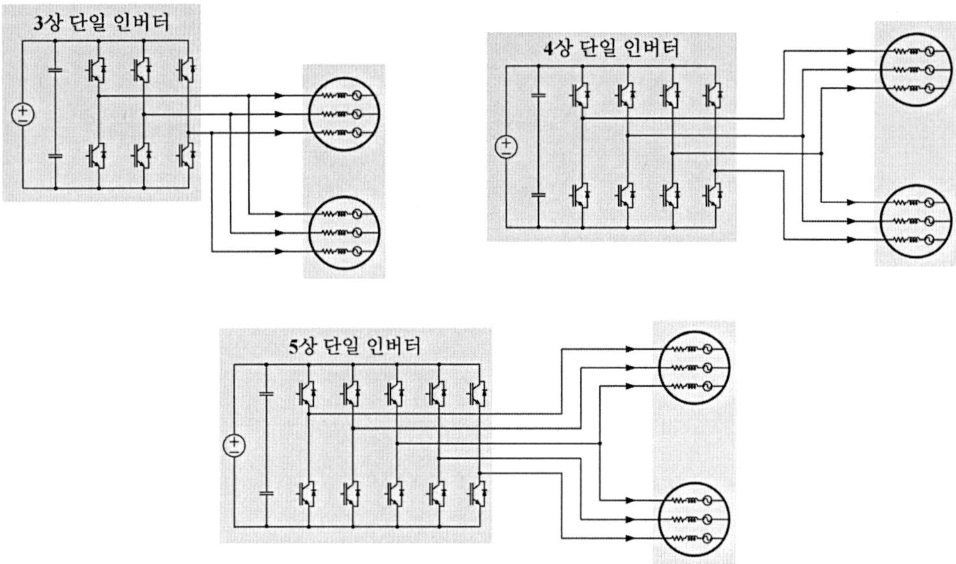

그림 2.2 인버터의 상 개수에 따른 시스템의 구성 예시

특히 단일 인버터 기반 시스템에서 사용되는 인버터는 대부분 2레벨 인버터 구조를 바탕으로 하며, 출력 상의 수에 따라 3상, 4상, 5상 등으로 분류된다. [그림 2.2]에 도시된 바와 같이, 2레벨 인버터는 상대적으로 단순한 구조와 높은 변환 효율, 제어의 용이성으로 인해 산업 전반에 걸쳐 널리 사용되고 있으며, 이러한 인버터 구조를 기반으로 다수의 전동기를 병렬 연결하는 다양한 구성이 가능하다. 각 상 수에 따른 인버터는 출력 가능한 전압 벡터 수와 제어 자유도에서 차이를 가지며, 이는 병렬 연결된 전동기의 동작 안정성과 제어 성능에 큰 영향을 미친다.

또한 단일 인버터로부터 전력을 공급받는 전동기의 종류에 따라 시스템의 동작 특성과 제어 요구사항이 달라진다. 일반적으로는 유도전동기와 PMSM이 병렬로 연결되어 사용되며, 각 전동기의 전자기적 특성, 속도 제어 방식, 슬립 유무 등에 따라 제어기의 구성 방식이 상이하다.

나아가, 연결되는 전동기의 개수에 따라 시스템은 일반적인 다중 전동기 구동 시스템 혹은 SIDM 구동 시스템으로 분류될 수 있다. SIDM 구동 시스템은 두 개의 전동기를 병렬로 연결한 구조로, 제어기 설계 및 공진 억제 등에서 상대적으로 많은 연구가 진행되어왔다. 3개 이상의 더 많은 수의 전동기를 제어하는 시스템은 인버터 하나로 제어하는 전동기의 개수를 증가시킬 수 있지만, 제어의 복잡도가 증가하며 전체 시스템의 안정성이 감소한다. 이러한 구조적 다양성과 제어 조건의 복합성으로 인해, 단일 인버터 기반 다중 전동기 구동 시스템은 상 수와 전동기 유형에 따라 세분화하여 분석할 필요가 있다.

이 절에서는 출력 상 수에 따른 인버터 구조를 기준으로 3상, 4상, 5상 인버터 기반의 다중 전동기 구동 시스템을 각각 2.2.1, 2.2.2, 2.2.3절에서 구체적으로 고찰하고, 각 방식의 구조적 구성, 제어 특성, 장단점에 대해 설명한다.

1 3상 인버터 기반의 시스템 구성

3상 인버터 기반의 단일 인버터 다중 전동기 구동 시스템은 산업계와 학계에서 가장 폭넓게 채택되는 구조 중 하나로, 하나의 3상 인버터를 사용하여 두 대 이상의 전동기를 병렬로 연결해 구동하는 방식을 의미한다. 이 구성에서는 인버터의 각 상 출력이 병렬로 연결된 전동기들의 동일 상 권선에 직접 연결되며, 그 결과 모든 전동기는 동일한 3상 고정자 전압을 인가받는다. [그림 2.3]에 나타난 바와 같이, 인버터 출력 전압은 병렬 연결된 모든 전동기에 동일하게 분배되므로 각 전동기에는 동일한 주파수와 위상을 갖는 전압이 인가된다. 여기서 v_a, v_b, v_c는 모든 전동기에 공통으로 공급되는 3상 전압을 의미한다. 이러한 구조적 특성은 모든 전동기가 동일한 속도로 운전되어야 함을 전제로 하며, 동시에 제어의 유연성을 제한하는 중요한 요인으로 작용한다.

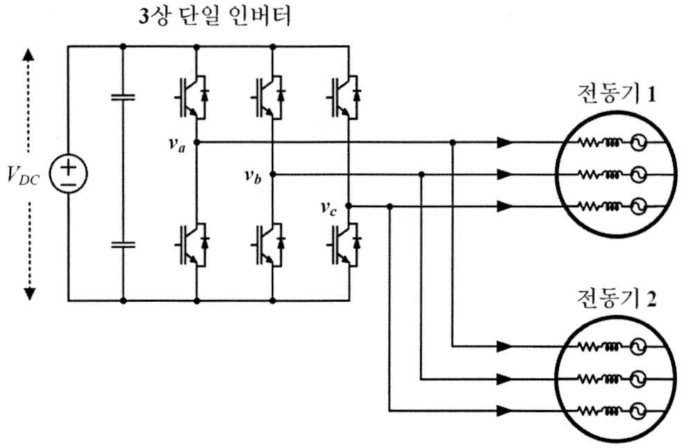

그림 2.3 3상 인버터 기반의 다중 전동기 구동 시스템

3상 인버터 기반 구조의 가장 큰 장점은 하드웨어 구성의 단순성과 경제성이다. 사용되는 인버터의 상 수가 최소화되기 때문에 스위칭 소자와 게이트 드라이버의 수가 줄어들고, 회로 구성이 간소화되며, 전체 시스템의 제조 비용을 절감할 수 있다. 특히, 4상 또는 5상 인버터 기반 시스템과 비교하면 필요한 전력반도체 소자의 수가 적어 전력 회로 설계가 단순해지고, 전자기 간섭의 영향도 상대적으로 줄어든다. 또한 3상 인버터는 산업 표준으로 자리 잡은 구조이기 때문에, 다양한 제조사에서 공급하는 스위치 모듈, 지능형 전력 모듈(Intelligent power module, IPM), 드라이버 IC 등 풍부한 상용 부품을 선택적으로 적용할 수 있다. 이는 설계 유연성과 부품 조달의 용이성을 높이고, 시제품 개발부터 양산까지의 과정을 단축시키는 데 중요한 이점을 제공한다.

또한 3상 인버터 기반 시스템은 오랜 기간 동안 축적된 설계 데이터와 검증 사례가 풍부하여, 신뢰성이 높고 유지보수가 용이하다는 장점을 가진다. 예를 들어, 대형 산업용 송풍기, 컨베이어 벨트, 냉각·공조 장치, 펌프 시스템 등 다양한 응용 분야에서 이미 표준적인 방식으로 채택되고 있으며, 이러한 분야에서는 단순 구조와 저비용 구현이 핵심 경쟁력으로 작용한다. 특히, 시스템 크기와 무게에 제약이 있는 이동식 장비나 소형 기계 설비에서는 하드웨어 간소화로 인한 경량화 효과도 중요한 장점이 된다.

그러나 이 방식은 모든 전동기에 동일한 전압이 인가되는 구조적 특성 때문에 제어 자유도가 매우 낮다. 인버터의 세 개 상이 모든 전동기에 병렬로 연결되므로, 개별 전동기에 서로 다른 전압 벡터나 위상 신호를 인가할 수 없다. 즉, 모든 상에서 각 전동기를 독립적으로 제어하는 것이 불가능하며, 제어 명령은 항상 모든 전동기에 동일하게 적용된다. 이러한 구조는 4상 또는 5상 인버터 기반 시스템처럼 일부 상을 개별적으로 할당하여 독립 제어가 가능한 구조와 비교했을 때, 제어 유연성 측면에서 불리하다. 특히 부하가 불균형하게 분포하거나 외란이 개별 전동기에 다르게 작용하는 상황에서는 속도 동기화와 토크 균형 유지가 어려워질 수 있다.

종합적으로 볼 때, 3상 인버터 기반의 단일 인버터 다중 전동기 구동 시스템은 구성의 단순성과 부품 활용성, 비용 절감 효과 등에서 다른 방식보다 우수한 경쟁력을 갖추고 있다. 특히 단일 인버터 기반 전동기 제어 구조의 가장 큰 적용 배경이 비용 절감과 시스템 간소화라는 점을 고려하면, 3상 인버터 기반 방식은 이러한 요구를 충족시키는 가장 대표적이고 실용적인 해법이다. 이에 따라 본서에서는 단일 인버터 기반 다중 전동기 구동 시스템 중에서도 가장 널리 활용되고 있는 3상 인버터 기반 구조를 중심으로 그 특성과 제어 전략, 안정성 확보 방안을 심층적으로 다루고자 한다.

2 4상 인버터 기반의 시스템 구성

4상 인버터 기반의 다중 전동기 구동 시스템은 인버터의 네 개 레그를 활용하여 다수의 전동기를 병렬로 구동하는 구조로, 기존의 3상 인버터 기반 시스템과는 결선 방식과 제어 자유도 측면에서 뚜렷한 차별성을 가진다. 이 구조에서는 병렬로 연결된 두 전동기가 인버터와의 결선 방식에 따라 하나 또는 두 개의 상을 공통으로 사용하며, 해당 공통 상에는 동일한 전압이 인가된다. 나머지 상에 대해서는 전동기별로 독립적으로 전압을 인가할 수 있기 때문에, 3상 인버터 기반 방식과 비교하면 개별 전동기에 대한 제어 자유도가 향상된다. 이러한 특성은 특히 전동기 간 상호 간섭을 최소화하거나, 서로 다른 운전 조건을 요구하는 다중 전동기 응용 분야에서 유리하게 작용한다.

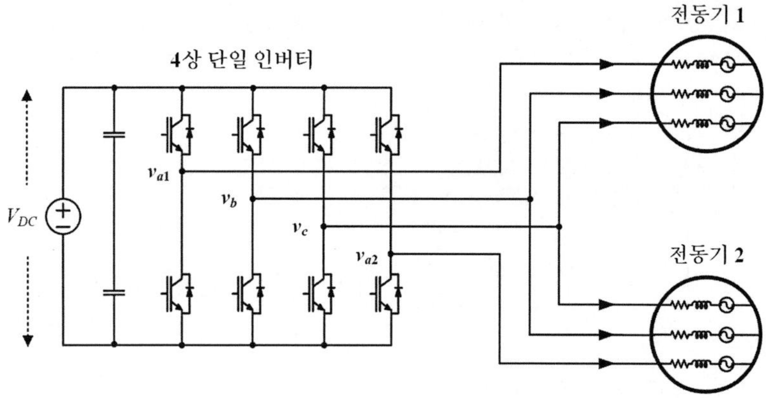

그림 2.4 4상 인버터 기반의 다중 전동기 구동 시스템

[그림 2.4]는 커패시터 중성점을 사용하지 않는 4상 인버터 기반 다중 전동기 구동 시스템의 기본 구조를 나타낸다. 여기서 v_{a1}과 v_{a2}는 각각 전동기1과 전동기2에 독립적으로 인가되는 a상 전압을 의미한다. 이 구성에서는 각 전동기가 두 개의 상을 인버터의 두 레그와 공통으로

연결하고, 나머지 한 개의 상은 독립적으로 연결하여 제어가 가능하도록 한다. 이 독립 상을 활용하면 각 전동기의 회전 방향을 개별적으로 조절할 수 있고, 부하 상황이나 응용 목적에 맞춰 전동기별 토크를 차별적으로 제어할 수 있다. 예를 들어, 동일한 속도로 운전하되 한쪽 전동기만 더 높은 토크를 요구하는 컨베이어 시스템, 또는 두 전동기의 출력 토크 비를 실시간으로 조절해야 하는 자동화 설비에 적용할 수 있다.

추가적으로, 4상 인버터 기반 시스템에서는 직류단 커패시터의 중성점 전압을 활용하여 제어 자유도를 한층 더 확장하는 방법이 가능하다. [그림 2.5]에 나타난 구조는 중성점 전압을 활용하는 4상 인버터 기반 다중 전동기 구동 시스템으로, v_{b1}과 v_{b2}는 전동기1과 전동기2에 독립적으로 인가되는 b상 전압을 나타낸다. 이 방식에서는 각 전동기 중 하나의 상을 인버터의 한 레그와 공유하고, 나머지 두 상은 서로 다른 레그에서 독립적으로 전압을 인가받는다. 이 구성은 두 전동기 모두에 대해 2개의 독립 제어 상을 확보하게 해주며, 이를 통해 정밀한 토크 제어가 가능하다. 특히 고성능 서보 시스템이나 보다 정밀도를 요구하는 제어가 필요한 응용 분야에서 효과적이다.

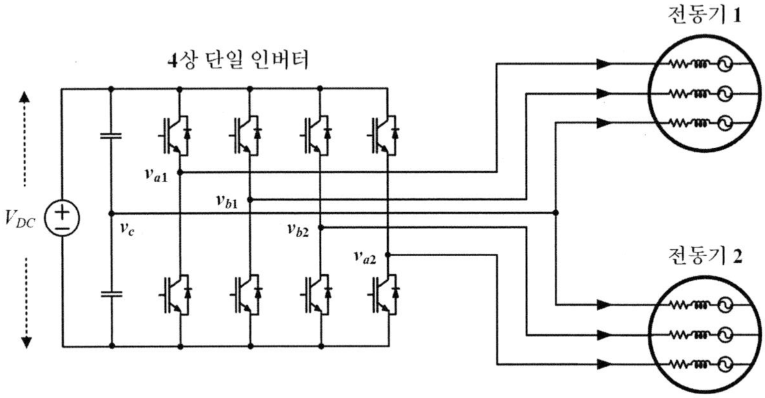

그림 2.5 커패시터 중성점을 사용하는 4상 인버터 기반의 다중 전동기 구동 시스템

그러나 중성점 전압을 활용하는 방식은 커패시터 간 전압 불균형 문제를 야기할 수 있으며, 이는 장기간 운전 시 시스템 안정성을 저하시킬 수 있다. 전압 불균형은 변조 과정에서 인버터의 선형 변조 영역을 축소시키고, 제어 성능에 부정적인 영향을 미친다. 이러한 문제를 해결하기 위해서는 제어 알고리즘 내에서 중성점 전압을 실시간으로 모니터링하고 보상하는

기능이 필요하다. 예를 들어, 중성점 전압 제어 루프를 추가하거나, 변조 전략을 조정해 전압 불균형을 완화하는 방법이 제안되고 있다.

종합적으로, 4상 인버터 기반 다중 전동기 구동 시스템은 3상 인버터 기반 시스템과 비교해 개별 전동기에 대한 제어 자유도가 높으며, 제어 유연성과 운전 조건의 독립성 측면에서 우수한 성능을 제공한다. 특히 중성점 전압을 활용한 확장형 제어 구조는 고성능 다중 전동기 제어를 위한 유력한 접근 방식으로 평가된다. 그러나 이러한 구조는 레그 수 증가로 인한 전력반도체 소자 수의 증가와 이에 따른 시스템 구축 비용 상승이라는 단점을 수반한다. 또한, 네 개 레그 각각에 사용되는 소자의 전기적 정격과 손실 특성이 상이할 수 있으므로, 회로 설계 시 열관리, 보호회로 구성, 전자기 간섭 억제 등의 추가적인 설계 제약이 발생한다. 따라서 4상 인버터 기반 시스템을 실용적으로 적용하기 위해서는 이러한 구조적 특성을 충분히 고려하고, 제어 전략과 하드웨어 설계를 최적화하는 것이 필수적이다.

3 5상 인버터 기반의 시스템 구성

5상 인버터 기반의 다중 전동기 구동 시스템은 기존의 3상 및 4상 인버터 기반 시스템이 가지는 구조적 제약을 보완하고, 출력 성능과 제어 자유도를 한층 향상시키기 위해 개발된 확장형 인버터 구성 방식이다. 이 구조는 특히 다중 전동기 운전 시 개별 전동기 간의 제어 독립성을 최대한 확보하며, 동시에 4상 인버터에서 발생할 수 있는 전압 불균형 문제, 출력 전압 제

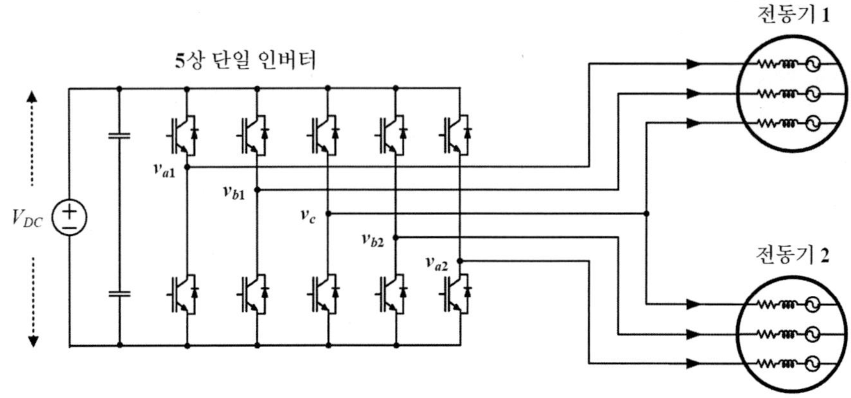

그림 2.6 5상 인버터 기반의 다중 전동기 구동 시스템

한 문제, 변조 방식의 제약 등을 근본적으로 해소하기 위한 목적으로 설계되었다. 따라서 고성능·고정밀 제어가 요구되는 응용에서 주로 고려된다.

일반적으로 사용되는 5상 인버터 기반 시스템의 구성은 [그림 2.6]에 나타난 바와 같이, 총 다섯 개의 인버터 레그 중 각각의 전동기에 두 개의 레그가 독립적으로 연결되고, 나머지 한 개의 레그는 두 전동기에 공통으로 연결하여 하나의 상을 공유하는 방식으로 이루어진다. 이러한 결선 방식은 4상 인버터 기반 시스템에서 직류단 커패시터의 중성점 전압을 활용할 때 발생할 수 있는 커패시터 전압 불균형이나 출력 전압 선형성 제한과 같은 문제를, 추가적인 한 상을 통해 근본적으로 완화할 수 있도록 한다. 다시 말해, 한 개의 상을 공유하되 나머지 상들을 개별적으로 할당함으로써 전동기 제어의 유연성을 확보하고, 변조 방식에서의 제약을 줄이며, 안정적인 전압 벡터 생성을 가능하게 한다.

5상 인버터 기반 구조의 핵심적인 장점은 출력 전압 벡터 조합의 수가 크게 증가한다는 점이다. 이는 전동기 구동 시 보다 다양한 전압 벡터를 선택할 수 있게 하여, 제어 성능을 향상시키고 토크 리플을 효과적으로 저감할 수 있다. 특히, 두 개의 독립 상이 각 전동기에 전용으로 연결되어 있기 때문에, 속도 제어, 토크 제어 등에서 전동기 간 상호 간섭을 최소화할 수 있다. 이로 인해 단순 동기 운전뿐 아니라, 한 전동기에는 일정한 토크를 유지시키고 다른 전동기에는 부하 변동에 따라 가변 제어를 적용하는 등 보다 복합적인 제어 전략의 구현이 가능하다. 예를 들어, 한쪽 모터가 주축을 담당하고 다른 모터가 보조축을 구동하는 경우, 5상 인버터 기반 구성은 제어 안정성과 응답성을 적절히 확보할 수 있다.

이러한 구조적 장점은 시스템 안정성 측면에서도 긍정적인 영향을 미친다. 추가된 상을 활용함으로써 제어의 설계 여유도가 넓어지고, 전동기 간 위상 동기화 성능을 높일 수 있으며, 부하 불균형 상황에서도 제어 성능이 급격히 저하되는 것을 방지할 수 있다.

그러나 이러한 성능상의 이점은 하드웨어적 부담을 동반한다. 5개의 레그를 구현하기 위해서는 전력반도체 소자의 수가 3상 또는 4상 인버터에 비해 증가하며, 그에 따라 게이트 드라이버, 구동 회로, 보호회로 등 부수적인 회로 구성도 복잡해진다. 전력반도체 소자 간 전기적 정격이 결선 방식과 제어 방식에 따라 상이해질 수 있어, 설계 초기 단계에서 각 소자의 정격 선정과 배치에 주의가 필요하다. 또한, 레그 수의 증가로 인해 전체 인버터의 크기와 무게가 증가하며, 방열 설계와 열 관리에 대한 추가적인 고려가 필요하다. 이러한 점은 시스템의 제작 단가와 유지보수 비용 상승으로 이어질 수 있다. 더 나아가, 시스템의 동작 모드에 따라 일부 레그가 과부하될 가능성이 있으므로, 부하 분산 제어와 보호 로직이 반드시 포함되어야 한다. 특히 고속 스위칭 동작에서는 스위칭 손실과 전자기 간섭의 억제를 위한 추가적인 필터 설계가 요구될 수 있다.

결론적으로, 5상 인버터 기반의 다중 전동기 구동 시스템은 전동기 제어의 독립성과 정밀성을 극대화할 수 있는 구조라 할 수 있다. 공진 억제, 전압 불균형 해소, 토크 리플 저감 등 다양한 측면에서 우수한 성능을 제공하며, 고정밀·고성능이 요구되는 산업용 로봇, 항공기 구동 장치, 고급 전기차 구동 시스템 등에서 고려될 수 있다. 그러나 레그 수 증가에 따른 하드웨어 부담, 비용 상승, 설계 복잡성 등의 현실적인 제약이 존재하므로, 적용 대상 시스템의 요구 성능과 운전 조건을 면밀히 분석한 후, 이에 부합하는 제어 전략과 하드웨어 최적화 설계를 함께 수행하는 것이 필요하다.

2.3 참고문헌

[1] M. Fadel, N. L. Nguyen, and A. Llor, “Different Solutions of Predictive Control for Two Synchronous Machines in Parallel,” in *Proc. IEEE Int. Symp. SLED/PRECEDE*, Munich, Germany, 2013, pp. 1–7.

[2] L. Tang and G. Su, “High-Performance Control of Two Three-Phase Permanent-Magnet Synchronous Machines in an Integrated Drive for Automotive Applications,” *IEEE Trans. Power Electron.*, vol. 23, no. 6, pp. 3047–3055, Nov. 2008.

[3] E. C. dos Santos, E. M. Fernandes, C. B. Jacobina, and A. C. Oliveira, “Permanent Magnet Synchronous Machine and Induction Machine Independently Controlled by Standard Three-Leg Inverter,” *2008 IEEE Power Electronics Specialists Conference*, 2008, pp. 3081–3086.

[4] A. Bouscayrol, M. Pietrzak-David, P. Delarue, R. Pena-Eguiluz, P. Vidal, and X. Kestelyn,

"Weighted Control of Traction Drives with Parallel-Connected AC Machines," *IEEE Trans. Ind. Electron.*, vol. 53, No. 6, pp. 1799–1806, Dec. 2006.

[5] I. X. Bogiatzidis, A. N. Safacas, E. D. Mitronikas, and G. A. Christopoulos, "A Novel Control Strategy Applicable for a Dual AC Drive with Common Mechanical Load," *IEEE Trans. Ind. Appl.*, vol. 48, No. 6, pp. 2022–2036, Nov./Dec. 2012.

[6] T.-I. Yeam and D.-C. Lee, "Design of Sliding-Mode Speed Controller with Active Damping Control for Single-Inverter Dual-PMSM Drive Systems," IEEE Trans. Power Electron., vol. 36, no. 5, pp. 5794–5801, May 2021.

[7] G. Brando, L. Piegari, and I. Spina, "Simplified Optimum Control Method for Monoinverter Dual Parallel PMSM Drive," *IEEE Trans. Ind. Electron.*, vol. 65, no. 5, pp. 3763–3771, May 2018.

[8] H.-W. Lee and K.-B. Lee, "Simplified Model Predictive Current Control of a Mono-Inverter Dual Parallel Permanent Magnet Synchronous Motors," *2024 IEEE Energy Conversion Congress and Exposition (ECCE)*, pp. 6357–6361.

[9] G.-J. Nam, H.-W. Lee, and K.-B. Lee, "A Gain Design Strategy for an Active Damping Controller of a MIDP Permanent Magnet Synchronous Motors Drive System," 2024 *IEEE Energy Conversion Congress and Exposition (ECCE)*, pp. 6060–6064.

[10] T. Moroi, Y. Kubo, K. Matsuse, and K. Rajashekara, "Independent Control of Two Permanent Magnet Synchronous Motors Fed by a Four-Leg Inverter," *2013 IEEE Industry Applications Society Annual Meeting*, 2013, pp. 1–6.

[11] S. Ito, T. Moroi, Y. Kubo, K. Matsuse, and K. Rajashekara, "Independent Control of Two Permanent-Magnet Synchronous Motors Fed by a Four-Leg Inverter," *IEEE Trans. Ind. Appl., vol. 51, no. 1, pp. 753–760, Jan./Feb.* 2015.

[12] Y. Song, J. Sun, Y. Zhou, Y. Liu, H. Luo, and J. Zhao, "Minimization of Capacitor Voltage Difference for Four-Leg Inverter Dual-Parallel IM System," *IEEE Trans. on Power Electron.*, vol. 37, no. 4, pp. 3969–3979, Apr. 2022.

[13] K. Matsuse, N. Kezuka, and K. Oka, "Characteristics of Independent Two Induction Motor Drives Fed by a Four-Leg Inverter," *IEEE Trans. Ind. Appl.*, vol. 47, no. 5, pp. 2125–2134,

Sep./Oct. 2011.

[14] Y. Katagiri, N. Kezuka, H. Tanaka, and K. Matsuse, "Performance of Independent Two Induction Motor Drives Fed by a Four-Leg Inverter with Vector Control Method," *2011 IEEE Industry Applications Society Annual Meeting*, 2011, pp. 1–8.

[15] T. Moroi, Y. Kubo, and K. Matsuse, "Characteristics of Independent Control of Two Permanent Magnet Synchronous Motors Fed by a Four-Leg Inverter," *2013 15th European Conference on Power Electronics and Applications (EPE)*, 2013, pp. 1–10.

[16] G. Jing and C. Zhou, "Control Strategy for a Five-Leg Inverter Supplying Dual Three-Phase PMSM," *IEEE Access*, vol. 8, pp. 174480–174488, 2020.

[17] Q. Geng, Z. Li, M. Zhang, Z. Zhou, H. Wang, and T. Shi, "Sensorless Control Method for Dual Permanent Magnet Synchronous Motors Driven by Five-Leg Voltage Source Inverter," *IEEE IEEE J. Emerg. Sel. Top. Power Electron.*, vol. 10, no. 1, pp. 260–272, Jul. 2021.

[18] Y. Chen, Z. Dong, Z. Song, and C. Liu, "Predictive Control of Five-Leg Inverter Driving Dual PMSMs for Overcurrent Suppression", *IEEE Trans. Ind. Appl.*, vol.60, no.5, pp.6949–6958, 2024.

[19] Y. Chen, Z. Dong, Z. Song, and C. Liu, "Predictive Control of Five-leg Inverter Riving Dual PMSMs for Overcurrent Suppression", *2023 IEEE 6th Student Conference on Electric Machines and Systems (SCEMS)*, pp.1–5, 2023.

[20] J. M. Lazi, Z. Ibrahim, M. Sulaiman, A. M. Razali and, N. Kamisman, "Independent Control for Dual-PMSM Drives Using Five-Leg Inverter," *2015 IEEE Conference on Energy Conversion (CENCON)*, 2015, pp. 143–148.

[21] W. Promkhun, V. Kinnares, K. Ohyama, and V. Thanyaphirak, "Optimal Zero-Sequence Selection for Five-Leg Inverter Based on Two-Phase SVPWM Fed Dual Two-Phase Induction Motors," *2018 International Electrical Engineering Congress (IEECON)*, 2018, pp. 1–4.

[22] Y.-S. Lim, J.-S. Lee, and K.-B. Lee, "Improved Model Predictive Control Method for Two Induction Motor Fed by Five-Leg Inverter System," *2018 IEEE Energy Conversion Congress and Exposition (ECCE)*, 2018, pp. 4552–4557.

[23] Y. Mei and S. Feng, "An Optimized Modulation Method for a Five-Leg-Inverter for Dual

Induction Motor Drives," *2016 IEEE 8th International Power Electronics and Motion Control Conference (IPEMC-ECCE Asia)*, 2016, pp. 660–663.

[24] Y.-S. Lim, J.-S. Lee, and K.-B. Lee, "Advanced Speed Control for a Five-Leg Inverter Driving a Dual-Induction Motor System," *IEEE Trans. Ind. Electron.*, vol. 66, no. 1, pp. 707–716, Jan. 2019.

CHAPTER 03

전동기 종류 별 SIDM 구동 시스템의 특성 및 제어방법

본 장에서는 SIDM 구동 시스템에서 사용되는 전동기 종류에 따라 나타나는 고유한 특성과 그에 적합한 제어 방법을 체계적으로 고찰한다. SIDM 구동 시스템은 동일한 단일 인버터를 통해 두 대의 전동기를 병렬로 연결하여 구동하는 방식이므로, 선택되는 전동기의 종류가 시스템 전체의 거동에 결정적인 영향을 미친다. 다시 말해, 전동기의 물리적 구조와 토크 발생 원리가 다르면 SIDM 시스템의 특성 역시 근본적으로 달라지며, 이에 따라 요구되는 제어 전략 또한 전동기의 종류에 맞추어 본질적으로 달라질 수밖에 없다.

특히, 병렬 운전 조건에서 반드시 고려해야 하는 요소는 속도 동기화, 부하 분배, 시스템 안정성 확보이다. 이들은 단순히 제어기 설계 문제를 넘어서, 전동기 자체의 구조적 특성에 의해 크게 좌우된다. 예를 들어, 부하 차이가 발생했을 때 전동기 스스로 이를 보정할 수 있는 능력을 갖추고 있는가, 아니면 제어기의 개입 없이는 동기화가 무너질 수밖에 없는가 하는 점은 전동기의 종류에 따라 판이하게 다르다. 따라서 전동기의 특성과 제어 기법을 연계하여 고찰하는 것은 SIDM 시스템의 안정적 설계와 운전 전략을 수립하는 데 있어 필수적이다.

먼저, 3.1절에서는 유도전동기와 동기전동기의 가장 본질적인 차이점 중 하나인 슬립의 존재 여부를 다룬다. 슬립은 전동기의 속도 특성과 토크 발생 원리를 규정하는 핵심 개념으로, 단순히 회전 속도의 차이를 뜻하는 기계적 지표가 아니라 전동기 안정성과 제어 가능성 전반에 걸쳐 깊은 영향을 미친다. 특히 SIDM 구동 시스템에서는 두 전동기가 하나의 인버터 출력 전압을 공유하기 때문에, 슬립의 존재 여부가 두 전동기 사이의 속도 동기화 유지 및 안정성 확보에 직접적으로 작용한다. 유도전동기의 경우 슬립이 존재하기 때문에 부하 불균형이 발생하더라도 일정 수준의 자연스러운 전류 분배와 속도 보정이 이루어진다. 반면, PMSM과 같은 동기전동기에서는 슬립이 전혀 존재하지 않으므로, 부하 차이가 곧바로 회전자 위치 오차와 토크 리플로 이어진다. 따라서 슬립 특성을 이해하는 것은 SIDM 구동 시스템의 전동기 종류별 안정성 문제를 분석하고, 향후 제어 전략을 설계하는 데 있어 반드시 고려되어야 하는 출발점이다.

3.2절에서는 유도전동기 기반의 SIDM 구동 시스템을 고찰한다. 유도전동기는 구조적으로 슬립 특성을 지니기 때문에 병렬 운전 시 부하 차이가 자연스럽게 조정되는 효과를 제공하며, 이는 SIDM 구동 시스템에서 일정한 수준의 안정성을 보장하는 장점으로 작용한다. 그러나 동시에 유도전동기 특유의 자속 포화, 불균형 자속, 그리고 구동기 간 자기적 상호작용은 속도 동기화 성능을 저하시킬 수 있다. 따라서 유도전동기 기반 SIDM 시스템에서는 이러한 특성을 보완할 수 있는 제어 기법의 적용이 필요하다. 본 절에서는 유도전동기 기반 SIDM 시스템의 물리적 특성과 장·단점을 설명하고, 대표적인 제어 기법들과 그 효과, 그리고 실험적으로 검증된 응용 사례들을 설명한다. 이를 통해 유도전동기가 가지는 내재적 장점과 한계를 동시에 조명하고자 한다.

다음으로, 3.3절에서는 PMSM 기반 SIDM 구동 시스템을 다룬다. PMSM은 높은 출력 밀도, 고효율, 빠른 응답 속도 등 다양한 장점을 제공하며, 전기차, 항공기, 정밀 제어 장치 등 고성능 응용 분야에서 폭넓게 활용되고 있다. 그러나 슬립이 존재하지 않는 구조적 특성으로 인해, 병렬 운전에서는 두 전동기의 속도 및 위상 동기화를 반드시 보장해야 하며, 이는 제어 난이도를 크게 높이는 요인이 된다. 특히 부하 불균형이 발생하면 회전자 위치 오차와 토크 리플이 심화되어 시스템 불안정성을 초래할 수 있으므로, PMSM 기반 SIDM 시스템에서는 이러한 문제를 해결하기 위한 특수한 제어 기법이 필요하다. 본 절에서는 PMSM 기반 SIDM 시스템이 지니는 고유의 불안정성과 제약 조건을 다루고, 이를 완화하기 위한 대표적인 제어 기법 및 최신 제어 전략의 원리와 특징을 고찰한다.

결과적으로, 본 장은 전동기 종류별로 SIDM 시스템의 거동을 분석하고, 각각의 전동기를 기반으로 한 시스템에 적합한 제어 전략을 제시하는 데 목적이 있다. 이를 통해 유도전동기 및

PMSM 기반 SIDM 시스템이 실제 응용 분야에서 요구되는 성능과 안정성을 어떻게 달성할 수 있는지, 그리고 두 전동기 방식이 제공하는 장단점이 어떤 차이를 가지는지를 명확히 이해할 수 있을 것이다. 나아가 이러한 고찰은 향후 SIDM 구동 시스템의 설계 및 최적화를 위한 이론적 토대가 된다.

3.1 유도전동기와 동기전동기의 슬립 특성

유도전동기와 PMSM의 가장 뚜렷한 특성 차이 중 하나는 바로 슬립의 존재 여부이다. 슬립은 단순히 속도의 차이를 의미하는 기계적 개념을 넘어, 전동기의 토크 발생 원리와 안정성에 직접적인 영향을 미친다. 특히 SIDM 구동 시스템에서는 두 전동기가 동일한 인버터 출력 전압에 병렬로 연결되어 운전되기 때문에, 슬립의 유무가 두 전동기 사이의 속도 동기화와 안정성 확보에 있어 중요한 요소로 작용한다. 유도전동기의 경우 슬립이 존재함으로써 부하 불균형 시 어느 정도 자연스러운 전류 분배와 속도 보정이 가능하지만, 동기전동기는 슬립이 전혀 없기 때문에 부하 차이가 그대로 회전자 위치 오차와 토크 리플로 이어질 수 있다. 따라서 슬립 특성의 차이는 SIDM 구동 시스템에서 전동기 간 상호작용을 이해하고 제어 전략을 수립하는 데 있어 반드시 고려되어야 하는 핵심 배경이 된다.

전동기의 운전 특성을 구분하는 가장 중요한 차이점 중 하나는 유도전동기와 PMSM의 속도 관계이다. 유도전동기는 본질적으로 슬립을 갖는 전동기이고, 동기전동기는 정상 운전 시 슬립이 전혀 존재하지 않는다. 이러한 차이는 두 전동기의 토크 발생 원리와 구조적 특성에서 기인한다.

먼저, 유도전동기의 경우 고정자에 인가된 교류 전류가 회전자계를 형성한다. 이 회전자계가 회전자 도체를 절단하면서 전자기 유도에 의해 전류가 발생하고, 이 전류가 다시 자속과 상호 작용하여 토크를 형성한다. 그런데 만약 회전자가 회전자계와 동일한 속도로 회전한다면, 상대 속도가 0이 되어 회전자 도체에는 유도 기전력이 발생하지 않는다. 기전력이 발생하지 않으면 전류가 흐르지 않고, 전류가 없으면 토크도 형성되지 않는다. 결국 유도전동기가 지속적으로 토크를 발생하기 위해서는 회전자의 속도가 반드시 동기 속도보다 약간 낮아야만 하며, 이 속도 차이를 슬립이라고 부른다.

슬립은 일반적으로 다음과 같이 정의된다.

$$s = \frac{N_s - N_r}{N_s} \tag{3.1}$$

여기서 N_s는 동기 속도(Synchronous speed), N_r은 회전자 속도(Rotor speed)를 의미한다. 슬립은 유도전동기의 토크 발생을 가능하게 하는 핵심 요소로서, 무부하 시에는 1% 미만의 매우 작은 값을 가지지만, 부하가 증가하면 토크를 발생시키기 위해 슬립이 커지며, 정격 부하에서는 보통 1~5% 정도, 심한 경우 기동 시에는 수십 %까지 커지기도 한다. 즉, 유도전동기의 운전 특성은 슬립을 기반으로 하며, 부하에 따라 회전 속도가 동기 속도보다 조금씩 낮아지는 것이 일반적인 동작 원리이다.

반면 PMSM과 같은 동기전동기는 구조와 토크 발생 원리가 근본적으로 다르다. 동기전동기의 회전자에는 직류 전류가 공급되어 자기 자극을 형성하거나, 영구자석이 삽입되어 계자 자속을 형성한다. 고정자의 3상 교류 전류가 만들어내는 회전자계와 회전자의 계자 자속은 서로 자극을 맞추어 위상 동기화를 이루게 되고, 회전자는 회전자계와 정확히 같은 속도로 회전하게 된다. 만약 회전자가 동기 속도보다 느리거나 빠르게 움직이려 하면, 계자 자극과 회전자계 사이에 위상차가 발생하여 이를 보정하려는 전자기 토크가 즉각 작용한다. 결과적으로 동기전동기는 정상 운전 상태에서 회전자 속도가 항상 동기 속도와 일치하며, 유도전동기와 같은 의미의 슬립이 존재하지 않는다.

물론 동기전동기에도 부하가 인가되면 계자 자속과 회전자계 사이의 위상각인 부하각(Load angle)이 발생한다. 이 위상각이 토크의 크기를 결정하며, 부하가 커질수록 위상각이 증가한다. 그러나 이는 속도의 차이가 아니라 위상의 차이일 뿐이다. 즉, 동기전동기의 회전자 속도는 부하 조건에 관계없이 항상 동기 속도로 유지되고, 부하 변화에 따라 변하는 것은 자속의 위상 관계뿐이다. 따라서 동기전동기는 슬립이 존재하지 않는다.

정리하면, 유도전동기는 상대 속도 차이로 인한 전자기 유도 현상으로 인하여 토크가 발생하기 때문에 항상 동기 속도보다 조금 느린 속도로 회전하며, 슬립은 유도전동기의 존재 이유이자 본질적 특성이라 할 수 있다. 반면 동기전동기는 고정자 자속과 회전자 자속이 동기화되어 항상 같은 속도로 회전하기 때문에 슬립이 존재하지 않으며, 위상차를 통해서만 토크를 조절한다. 이러한 차이는 두 전동기의 응용 분야에도 직접적으로 반영되어, 유도전동기는 견고하고 가격이 저렴하여 산업 현장에서 광범위하게 사용되며, 동기전동기는 일정 속도 유지가 중요한 정밀 제어나 전력 계통의 무효전력 보상 등 특수한 응용에서 주로 활용된다.

3.2 유도전동기 기반 SIDM 구동 시스템

유도전동기는 산업 현장에서 가장 널리 사용되는 전동기 유형 중 하나로, 견고한 구조와 저렴한 제작 비용, 안정적인 운전 특성 덕분에 다양한 응용 분야에서 폭넓게 활용되고 있다. 특히, SIDM 구동 시스템의 초기 연구와 실용화 사례에서도 유도전동기는 핵심적인 역할을 담당해왔다.

그 배경에는 유도전동기가 병렬 구동 환경에서 제공하는 자연적인 운전 안정성이 있다. 유도전동기는 본질적으로 슬립을 이용하여 토크를 생성하는데, 이 슬립 특성은 병렬 연결된 다수의 전동기 사이에서 부하 불균형이 발생하더라도 속도 차이를 완화하고 전류 분배를 자동으로 조정하는 안정화 메커니즘으로 작용한다. 이러한 특성은 별도의 복잡한 제어기 없이도 일정한 수준의 부하 균형을 유지할 수 있게 하여, 초기의 SIDM 구동 시스템에 대한 연구에서 유도전동기가 가장 먼저 고려된 중요한 이유가 되었다.

이러한 구조적 안정성 덕분에 유도전동기 기반 SIDM HVAC 설비, 산업용 컨베이어 벨트, 펌프·송풍기 시스템 등 장시간 일정 부하 조건에서 연속 운전이 요구되는 분야에서 특히 널리 채택되었다. 이와 같이 일정한 속도와 안정적인 부하 분배가 중요한 응용 환경에서, 유도전동기 기반 SIDM 구동 시스템은 높은 신뢰성과 낮은 유지보수 비용이라는 장점을 동시에 제공한다.

1 유도전동기 기반 SIDM 구동 시스템의 특성

유도전동기 기반 SIDM 시스템의 가장 핵심적인 물리적 특징은 부하 차이에 따른 슬립의 변화가 곧 부하 분배 조정으로 이어진다는 점이다. 두 개의 유도전동기를 병렬로 연결하여 동일한 인버터로 구동할 경우, 각 전동기는 동일한 전압을 인가받는다. 그러나 부하 토크가 더 큰 전동기는 그 부하를 견디기 위해 회전 속도가 약간 낮아지게 되며, 이로 인해 슬립이 증가한다. 슬립의 증가는 고정자와 회전자 사이의 상대 속도를 키워 유기 기전력을 높이고, 더 많은 전류를 유도하여 토크를 추가적으로 생성한다. 반대로 부하가 작은 전동기는 속도가 증가하고 슬립이 감소하여, 전류가 줄어들고 토크도 감소하게 된다.

이와 같은 상호 보상 메커니즘은 별도의 복잡한 제어 알고리즘 없이도 두 전동기 간 부하 불균형을 완화하는 역할을 수행하며, 결과적으로 병렬 구동 시스템의 속도 안정성과 부하 분배 안정성을 향상시킨다. 이 점은 슬립이 전혀 존재하지 않는 PMSM 기반 SIDM 구동 시스템과 비교했을 때 유도전동기만의 뚜렷한 장점이다.

그러나 이러한 안정성이 모든 상황에서 완벽하게 유지되는 것은 아니다. 유도전동기는 자속 형성을 위해 자화 전류(Magnetizing current)를 필요로 하는데, 병렬 연결된 상태에서 부하 차이가 커질 경우 이 자화 전류가 전동기별로 달라지면서 자속 불균형이 발생할 수 있다. 부하가 작은 전동기에서는 전류가 적게 흐르므로, 회전자 계자력이 낮아지고 고정자 자속이 과도하게 형성되어 자속 포화(Magnetic saturation) 현상이 발생한다. 반대로 부하가 큰 전동기에서는 슬립이 커지고 전류가 증가하지만, 고정자 자속이 상대적으로 작아져 두 전동기 간 자속 크기 차이가 더욱 커진다.

이러한 자속 불균형은 단순히 토크 성능의 저하로만 끝나지 않는다. 전동기 내부의 동손과 철손을 증가시켜 효율을 떨어뜨리고, 장기적으로는 과열과 절연 열화를 유발하여 수명을 단축시킬 수 있다. 또한, 비선형 자속 특성으로 인해 전동기의 응답 속도가 느려지고, 제어기에서 의도한 동작을 즉각적으로 수행하지 못하는 문제가 발생할 수 있다.

결과적으로, 유도전동기 기반 SIDM 구동 시스템은 슬립 특성에 의해 부하 불균형을 자연스럽게 완화하는 안정성을 가지는 반면, 자속 불균형 및 포화로 인한 성능 저하라는 구조적 한계를 동시에 지니고 있다. 따라서 이러한 시스템을 고성능으로 운전하기 위해서는 자속 불균형을 억제하고, 부하 변화에도 안정적인 토크와 속도를 유지할 수 있도록 설계된 제어 기법의 적용이 필수적이다.

2 유도전동기 기반 SIDM 구동 시스템의 제어 기법

유도전동기 기반 SIDM 구동 시스템에서 가장 중요한 제어 목표는 병렬로 연결된 전동기 간 자속 불균형을 최소화하면서 안정적인 속도 동기화를 유지하는 것이다. 이를 위해 다양한 제어 전략이 제안되어 왔으며, 대표적인 방법으로는 평균 자속 제어, 마스터-슬레이브 제어, 평균/차동 전류 제어, 직접 토크 제어 등이 있다. 각 방식은 구현 난이도, 제어 정밀도, 부하 조건에 따른 안정성 측면에서 서로 다른 특성을 보인다.

① 평균 자속 제어(Average flux control)

평균 자속 제어 기법은 병렬로 연결된 전동기들의 전체적인 자속 평균값을 제어하는 접근 방식이다. 이 기법의 핵심 개념은 각 전동기의 자속을 개별적으로 직접 제어하는 것이 아니라, 시스템 전체의 평균 자속이 일정하게 유지되도록 전압 및 전류를 조정하는 것이다. 이를 위해 보통 속도 피드백과 전압 피드백 신호를 이용하여 자속을 추정하고, 이를 기준으로 평균 자속을 보정한다.

이 방식의 가장 큰 장점은 구현이 간단하고 제어 로직이 비교적 단순하다는 점이다. 기존 인버터 제어 구조에 비교적 쉽게 통합할 수 있으며, 부하 차이가 크지 않은 경우 안정적인 운전이 가능하다. 특히, 장시간 일정 부하로 운전되는 산업용 팬, 펌프, 송풍기 등에서 유용하게 적용될 수 있다.

그러나 평균 자속 제어는 전동기 간 부하 차이가 커질 경우 한계가 뚜렷하다. 자속 불균형이 심화되면 제어 성능이 급격히 저하되고, 결과적으로 속도 및 토크 제어 정밀도가 떨어진다. 또한 개별 전동기에 대한 독립적인 제어가 불가능하므로, 정밀한 토크 제어가 필요한 고성능 응용 분야에는 적합하지 않다.

② **마스터-슬레이브 제어(Master-slave control)**

마스터-슬레이브 제어 방식은 두 전동기 중 하나를 마스터 전동기로 지정하여 폐루프(Closed-loop) 제어를 수행하고, 다른 하나를 슬레이브 전동기로 설정하여 마스터의 운전 상태를 추종하도록 하는 구조이다.

유도전동기 기반 SIDM 시스템에서는 일반적으로 자속이 과도하게 형성될 가능성이 높은 전동기를 마스터로 선택한다. 마스터 전동기는 속도 및 토크를 제어기로부터 직접 제어받고, 슬레이브 전동기는 개루프(Open-loop) 상태로 운전된다.

이 방식의 장점은 구조가 단순하고, 마스터 전동기에 대해 직접 제어를 수행하기 때문에 자속 포화 현상을 효과적으로 억제할 수 있다는 점이다. 또한 부하 차이가 비교적 큰 환경에서도 마스터의 제어를 통해 부하를 일정 수준으로 맞출 수 있다.

다만, 슬레이브 전동기의 제어 정밀도는 낮으며, 마스터-슬레이브 전환 시 과도 응답 특성이 저하되는 문제가 있다. 부하 변동이 잦은 환경에서는 잦은 전환으로 인해 전체 시스템 안정성이 떨어질 수 있으며, 전환 알고리즘의 설계가 까다로워질 수 있다.

③ **평균/차동 전류 제어(Average/differential current control)**

평균/차동 전류 제어 방식은 평균 전류와 차동 전류를 함께 제어하여 전체 자속 균형과 개별 불균형 보정을 동시에 수행하는 고급 제어 전략이다. 여기서 평균 전류는 두 전동기의 전류 평균값으로, 시스템 전체의 자속 크기를 맞추는 역할을 하며, 차동 전류는 두 전동기 전류의 차이로, 전동기 간 자속 불균형을 실시간으로 보정하는 역할을 한다.

이 방식은 각 전동기의 전류 상태를 실시간으로 모니터링하여 자속 포화와 불균형을 방지할 수 있고, 부하 차이가 큰 경우에도 효과적으로 전류 분배를 조정할 수 있다. 또한 개별 전동기를 독립적으로 제어할 수 있어 속도 및 토크 제어 정밀도가 높다는 장점이 있다.

그러나 제어기의 구현이 복잡하고, 실시간 전류·자속 검출 및 연산에 따른 마이크로프로세서의 연산 부담이 크다. 따라서 연산 성능이 충분한 DSP나 FPGA 등의 고성능 제어 하드웨어가 필요하며, 시스템 설계 시 하드웨어 사양에 대한 고려가 요구된다.

④ **직접 토크 제어(Direct torque control, DTC)**

직접 토크 제어(DTC)는 전동기의 자속과 토크를 실시간으로 직접 제어하는 고속 응답 제어 기법이다. 이 방식은 자속 크기를 지속적으로 모니터링하고, 특정 임계값을 초과하지 않도록 전압 벡터를 조정하여 자속 포화를 방지한다. 결과적으로 매우 빠른 응답 속도를 제공하며, 개별 전동기에 대한 정밀한 자속·토크 제어가 가능하다.

DTC의 장점은 고속 응답성과 우수한 토크 제어 성능이다. 순간적인 부하 변동에도 빠르게 대응할 수 있어, 고성능·고속 응용 분야에서 적합하다. 그러나 실시간으로 자속과 토크를 계산하고 제어해야 하므로, 고속 연산이 가능한 제어기가 필요하며, 일반적인 PWM 방식에 비해 제어 로직이 복잡하다. 또한 고속 운전 시 자속 변동이 심화될 가능성이 있으며, 이를 억제하기 위한 필터링 또는 고급 보상 기법이 추가로 필요하다.

이와 같이 유도전동기 기반 SIDM 구동 시스템의 제어 기법은 단순성과 안정성에서부터 고속 응답성과 정밀 제어까지, 응용 환경의 요구 사항에 따라 다양한 선택지가 존재한다. 평균 자속 제어와 마스터-슬레이브 방식은 구조가 단순하고 구현이 쉬우나, 정밀 제어 측면에서는 한계가 있다. 반면, 평균/차동 전류 제어와 DTC는 높은 제어 성능을 제공하지만, 복잡성과 하드웨어 요구사항이 크다. 따라서 실제 시스템 적용 시에는 부하 조건, 제어 정밀도, 비용, 하드웨어 사양 등을 종합적으로 고려하여 가장 적합한 방식을 선택하는 것이 중요하다.

3.3 PMSM 기반 SIDM 구동 시스템

유도전동기 기반 SIDM 시스템은 슬립에 의한 자연적인 부하 균형 특성 덕분에 안정적인 병렬 운전이 가능하다는 장점이 있었지만, 출력 밀도와 효율 면에서는 PMSM이 더 우수하다. 특히 PMSM은 회전자에 손실이 거의 없고, 고속·저속 전 영역에서 높은 효율을 유지할 수 있기 때문에, 동일한 인버터 용량으로 더 높은 성능을 기대할 수 있다.

그러나 PMSM을 SIDM 구동 시스템에 적용할 경우 유도전동기 기반 시스템과는 다른 형태의 제어 과제가 발생한다. PMSM은 슬립이 존재하지 않아 부하 차이에 따른 속도 불균형이 자연적으로 보정되지 않으며, 오히려 회전자 위치 차이와 토크 차이가 누적되어 속도 동기화 실패나 탈조를 유발할 수 있다. 또한 결합 토크와 공진 현상과 같은 고유 불안정성이 나타나며, 이는 제어 안정성을 크게 저해한다.

따라서 PMSM 기반 SIDM 시스템에서는 속도·위상 동기화, 토크 진동 억제, 공진 완화 등을 종합적으로 고려한 제어 전략이 필수적이다. 본 절에서는 PMSM 기반 SIDM 구동 시스템의 구조적 특성 및 동적 특성과 이러한 문제를 해결하기 위한 대표적인 제어 기법들을 정리한다.

1 PMSM 기반 SIDM 구동 시스템의 특성

PMSM은 회전자에 영구자석을 부착하거나 매입하여 사용하는 동기전동기로, 높은 출력 밀도, 우수한 효율, 빠른 응답 특성을 갖춘 대표적인 고성능 전동기이다. 이러한 특성으로 인해 전기차, 로봇, 가전, 항공, 산업 자동화 등 다양한 분야에서 널리 사용되고 있다.

유도전동기와 달리 PMSM은 슬립이 존재하지 않으며, 입력 전원 주파수와 회전자 속도가 항상 동기 속도로 일치한다. 즉, 회전자와 회전 자기장 사이에 상대적인 속도 차이가 없기 때문에, 전력 변환 장치를 이용하면 정밀한 속도 제어가 가능하다. 또한 회전자 권선이 없고, 여자 전류(Excitation current)를 공급할 필요가 없으므로 회전자 동손이 존재하지 않는다. 이러한 구조적 특징은 PMSM이 특히 저속 및 경부하 영역에서도 높은 효율을 유지하게 해준다.

PMSM은 고밀도 자속을 형성할 수 있으므로 동일한 크기의 다른 전동기보다 더 높은 토크를 생성할 수 있다. 따라서 제한된 설치 공간이나 경량화가 요구되는 응용에서 특히 유리하다. 예를 들어, 전기차 구동 모터나 드론, 고성능 로봇 팔과 같은 응용에서는 이러한 출력 밀도와 경량화의 장점이 큰 설계 이점이 된다.

이와 같은 PMSM의 장점은 기존에 유도전동기를 적용하던 SIDM 구동 시스템에도 큰 매력을 제공하였다. 빠른 응답 속도, 고출력 밀도, 높은 효율은 동일한 인버터 용량에서 더 높은 시스템 성능을 구현할 수 있게 해주기 때문이다. 실제로 PMSM 기반 SIDM 구동 시스템에 대한 연구는 전동기 경량화, 에너지 절감, 고성능화를 목적으로 활발히 진행되고 있다.

그러나 PMSM을 SIDM 구조에 적용하면 유도전동기 기반 시스템과는 다른 형태의 제약과 불안정성이 나타난다. 가장 큰 차이는 슬립의 부재이다. 유도전동기 기반 시스템에서는 부하 차이에 따른 속도 편차가 슬립을 통해 자연스럽게 보상되지만, PMSM에서는 회전자 속도가 항상 동기 속도로 고정되므로 두 전동기 간 위상 차이와 부하 토크 차이가 직접적으로 속도 동기화 문제로 이어진다. 이로 인해 제어 전략이 적절히 적용되지 않으면 속도 오차가 누적되고, 결국 한 전동기가 탈조 상태에 빠질 수 있다.

또한 PMSM 기반 SIDM 시스템에서는 결합 토크라는 문제가 발생한다. 두 전동기의 회전자 위치 차이가 발생하면 전동기 간 상호작용으로 인해 토크 진동이 유발되는데, 이는 시스템 진동과 소음을 증가시키고 효율 저하를 초래한다. 특히 부하와 속도가 변화하는 과도 상태에서는 이러한 토크 진동이 더 심화되며, 제어기가 이를 적절히 억제하지 못하면 시스템 안정성이 크게 저하된다.

더불어, PMSM 기반 SIDM 구동 시스템은 특정 속도 영역에서 공진 현상이 발생한다. 전동기의 파라미터로 결정되는 시스템의 고유 주파수와 운전 속도가 일치하는 경우, 속도 및 회전자 위치 차이의 진동이 증폭되어 안정적인 운전을 방해한다. 저속 영역에서는 특히 공진의 영향이 크며, 극단적인 경우 전동기가 정상 동작을 유지하지 못하고 동기화를 상실할 수도 있다.

결론적으로, PMSM 기반 SIDM 구동 시스템은 효율과 출력 밀도 측면에서 매우 매력적인 솔루션이지만, 속도 및 위상 동기화, 결합 토크 억제, 공진 완화와 같은 제어 과제가 반드시 해결되어야 한다. 따라서 제어 전략은 단순히 두 전동기를 동시에 구동하는 수준을 넘어, 시스템 안정성 전반을 보장할 수 있는 방향으로 설계되어야 한다.

2 PMSM 기반 SIDM 구동 시스템의 제어 기법

PMSM 기반 SIDM 구동 시스템의 제어 기법은 주로 속도 동기화 유지, 결합 토크 억제, 공진 완화를 목표로 개발된다. 기존 유도전동기 기반 SIDM에서 적용된 방법이 일부 차용되기도 하지만, 슬립이 존재하지 않는 PMSM의 특성 때문에 제어 전략에는 차이가 있다. 주요 기법은 다음과 같다.

① **평균값 제어(Average value control)**

평균값 제어는 두 전동기 사이의 부하 차이가 크지 않은 경우, 평균 전류 또는 평균 속도를 기준으로 제어하는 방식이다. 구조가 간단하고 구현이 쉬우며, 경부하 조건이나 균형 부하 상황에서는 안정적인 성능을 보인다.

하지만 평균값 제어는 개별 전동기의 상태를 직접적으로 제어하지 않기 때문에, 부하 차이가 커질 경우 속도 및 토크의 불균형을 빠르게 해소하지 못한다. 이로 인해 한쪽 전동기의 탈조 가능성이 증가하며, 고정밀 제어가 필요한 환경에는 부적합하다.

② **마스터-슬레이브 제어(Master-slave control)**

PMSM 기반 SIDM 시스템의 마스터-슬레이브 제어는 유도전동기 기반과 다르게 부하가 더 큰 전동기를 마스터로 지정한다. 이는 PMSM이 부하각의 정적 안정도 한계를 초과하면 안정적인 운전이 불가능해지기 때문이다. 부하가 작은 전동기를 마스터로 설정할 경우, 슬레이브 전동기의 부하각이 더 커져 탈조가 발생할 가능성이 높다.

이 방식은 구조가 단순하고 다양한 부하 조건에서 안정적인 제어가 가능하다는 장점이 있으나, 마스터 전동기 변경 시 과도 응답 저하가 발생하고, 부하 변동이 잦은 환경에서는 잦은 전환으로 인해 제어 성능이 저하될 수 있다.

③ **능동 댐핑 제어(Active damping control)**

능동 댐핑 제어는 마스터 전동기의 d축 전류를 기반으로 슬레이브 전동기의 속도를 동기화시키는 방법이다. 속도 차이에 비례한 댐핑 전류(Damping current)를 생성해 토크 진동을 억제하며, 마스터-슬레이브 전환이 필요 없다는 장점이 있다. 부하 차이가 큰 경우에도 효과적으로 속도를 맞출 수 있어 PMSM 기반 SIDM 제어에서 널리 연구되고 있다.

그러나 능동 댐핑 제어에서는 댐핑 이득을 실험적으로 조정해야 하며, 부하 조건과 속도에 따라 최적 이득이 달라진다. 또한 회전자 위치 차이가 0에 가까워질 경우 댐핑 전류가 줄어들어 불안정성이 증가하는 한계가 있다.

④ **고급 복합 제어 기법(Advanced hybrid control)**

최근 연구에서는 단일 기법이 아닌 관측기 기반 제어, 에너지 최적화, 비선형 제어 등을 결합한 복합 제어 구조가 제안되고 있다. 예를 들어, 미지 입력 관측기(Unknown input observer, UIO)와 위상 고정 루프(Phase-locked loop, PLL)를 결합하여 추가 센서 없이 전류와 위치를 추정하는 방법, 평균 모델 기반 제어와 에너지 기반 제어를 이용해 파라미터 불일치 문제를 해결하는 방법, Takagi-Sugeno (T-S) 퍼지 모델과 보장 비용 제어(Guaranteed cost control, GCC)를 적용한 비선형 속도 제어 방식 등이 있다.

이러한 기법들은 안정성과 성능을 동시에 향상시킬 수 있으나, 복잡한 수학적 모델링과 높은 연산 부하가 필요하다는 점에서 실시간 구현 난이도가 높다. 따라서 산업 현장 적용 시에는 제어 성능과 시스템 자원의 균형을 고려해야 한다.

PMSM 기반 SIDM 구동 시스템의 제어는 유도전동기를 기반으로 하는 시스템에 비하여 더 높은 정밀성과 복잡성을 요구한다. 단순 제어 기법은 구현이 용이하지만 부하 변동에 취약하고, 고급 제어 기법은 성능이 뛰어나지만 구현과 연산 자원에 부담이 발생한다. 따라서 응용 분야와 운전 조건에 적합한 최적의 제어 전략을 선정하는 것이 필요하다.

3.4 참고문헌

[1] Y. Matsumoto, C. Osawa, T. Mizukami, and S. Ozaki, "A Stator-Flux-Based Vector Control Method for Parallel-Connected Multiple Induction Motors fed by a Single Inverter," *in Proc. IEEE APEC'98*, 1998, pp. 575–580.

[2] B. M. Joshi and M. C. Chandorkar, "Two-Motor Single-Inverter Field-Oriented Induction Machine Drive Dynamic Performance," *Sadhana*, vol. 39, no. 2, pp. 391–407, Apr. 2014.

[3] B. M. Joshi, D. C. Patel. M. C. Chandorkar, "Machine Interactions in Field Oriented Controlled Multi-Machine Three Phase Induction Motor Drives," in Proc. *IEEE Int. Electric Mach. Drives Conf.*, 2011, pp. 342–347.

[4] S. Wei, W. Ruxi, W. Yue, H. Yanhui, W. Zhaoan and L. Jinjun, "Study of Speed Sensorless Control Methodology for Single Inverter Parallel Connected Dual Induction Motors Based on The Dynamic Model," *2006 CES/IEEE 5th International Power Electronics and Motion Control Conference*, 2006, pp. 1–5.

[5] P. M. Kelecy and R. D. Lorenz, "Control Methodology for Single-Inverter, Parallel Connected Dual Induction Motor Drives for Electric Vehicles," in *Proc. PESC*, 1994, pp. 987–991.

[6] H. Kawai, Y. Kouno and K. Matsuse, "Characteristics of Speed Sensorless Vector Control of Parallel Connected Dual Induction Motor fed by a Single Inverter," in *Proc. IEEE PCCOsaka*, 2002, pp. 522–527 vol.2.

[7] H. Setiana, F. Husnayain, and F. Yusivar, "Speed Sensorless Control of Dual Induction Motor Using Direct Torque Control-Space Vector Modulation," in *Proc. IEEE 2nd Int. Conf. Power Energy Appl.*, 2019, pp. 110–114.

[8] H. Mohktari and A. Alizadeh, "A New Multi-Machine Control System Based on Direct Torque Control Algorithm," *2007 7th International Conference on Power Electronics*, 2007, pp. 1103–1108.

[9] N. Mohd Yaakop, Z. Ibrahim, M. Sulaiman and M. H. N. Talib, "Speed Performance of SVPWM Direct Torque Control for Five Leg Inverter Served Dual Three-Phase Induction Motor," *2012 IEEE International Power Engineering and Optimization Conference Melaka*, Malaysia, 2012, pp. 323–328.

[10] C. Park and S. Doki, "Control Method of Dual Parallel Surface-Mounted Permanent-Magnet Synchronous Motor Systems with Different Parameters Using Single Inverter," *2022 IEEE Energy Conversion Congress and Exposition (ECCE)*, Detroit, MI, USA, 2022, pp. 1–8

[11] C. Park and S. Doki, "Active Damping Control Method for Different Dual Parallel-SPMSM Systems with Single Inverter," *IEEJ Journal of Industry Applications*, 2023, Vol. 12, no. 1, pp. 73–83, Jan. 2023.

[12] J. M. Lazi, Z. Ibrahim, M. H. N. Talib, and R. Mustafa, "Dual Motor Drives for PMSM Using Average Phase Current Technique," in *Proc. IEEE Int. Conf. Power Energy*, Kuala Lumpur, Malaysia, 2010, pp. 786–790.

[13] A. Del Pizzo, D. Iannuzzi, and I. Spina, "High Performance Control Technique for Unbalanced Operations of Single-VSI Dual-PM Brushless Motor Drives," in *Proc. IEEE Int. Ind. Electron. Symp.*, 2010, pp. 1302–1307.

[14] A. Asri, D. Ishak, S. Iqbal, and M. Kamarol, "A Speed Sensorless Feld Oriented Control of Parallel-Connected Dual PMSM," in *Proc. IEEE Int. Conf. Control Syst., Comput. Eng.*, Penang, 2011, pp. 567–570.

[15] T. Liu, M. Fadel, J. Li, and X. Ma, "A MTPA Control Strategy for Mono-Inverter Multi-PMSM System," *IEEE Trans. Power Electron.*, vol. 36, no. 6, pp. 7165–7177, Jun. 2021.

[16] D. Bidart, M. Pietrzak-David, P. Maussion, and M. Fadel, "Mono Inverter Multi-Parallel Permanent Magnet Synchronous Motor: Structure and Control Strategy," *IET Elect. Power Appl.*, vol. 5, no. 3, pp. 288–294, Mar. 2011.

[17] Y. Lee and J.-I. Ha, "Control Method of Mono Inverter Dual Parallel Drive System with Interior Permanent Magnet Synchronous Machines," *IEEE Trans. Power Electron.*, vol. 31, no. 10, pp. 7077–7086, Oct. 2016.

[18] Y. Lee, and J.-I. Ha, "Control Method for Mono Inverter Dual Parallel Surface-Mounted Permanent-Magnet Synchronous Machine Drive System," *IEEE Trans. Ind. Electron.*, vol. 62, no. 10, pp. 6096–6107, Oct. 2015.

[19] J. Lee and J.-W. Choi, "MTPA Control Method for MIDP SPMSM Drive System Using Angle Difference Controller and P&O Algorithm," *IEEE Trans. Power Electron.*, vol. 37, no. 12, pp. 15382–15396, Dec. 2022.

[20] T. Liu, Z. Liu, F. Zhu, and Z. Mao, "Dual Parallel-PMSM System Using Single PMSM Control Hardware: A PLL-Integrated UIO Approach," *IEEE Trans. Power Electron.*, vol. 38, no. 12, pp. 15300–15313, Dec. 2023.

[21] M. M. Boroujeni and G. A. Markadeh, "Energy-Based Control Technique for Monoinverter Dual Parallel PMSM with Different Parameters," *IEEE Trans. Ind. Electron.*, vol. 69, no. 12, pp. 12162–12172, Dec. 2022.

[22] T. Liu, Z. Liu, and F. Zhu, "A Nonlinear Robust Speed Controller for Dual Nonidentical Parallel PMSM system," *IEEE Trans. Power Electron.*, vol. 37, no. 9, pp. 10190–10199, Sep. 2022.

CHAPTER 04

PMSM 기반 SIDM 구동 시스템의 특성 분석

PMSM 기반의 SIDM 구동 시스템은 하나의 단일 인버터 출력에 두 대의 PMSM이 병렬로 연결된 구조를 가진다. 본 절에서 다루는 모델링 및 제어 기법은 [그림 4.1]에 제시된 바와 같이 3상 2레벨 단일 인버터와 병렬 PMSM을 기준으로 한다. 또한 PMSM은 표면 부착형 영구자석 동기전동기(Surface-mounted permanent magnet synchronous motor, SPMSM)를 기준으로 시스템의 특성 분석을 수행한다. 이러한 구성은 산업 현장에서 가장 널리 사용되는 표준 3상 인버터 구조를 기반으로 하므로, 시스템 설계와 구현이 비교적 용이하며, 제어 알고리즘의 이식성과 범용성 측면에서도 높은 실용성을 제공한다.

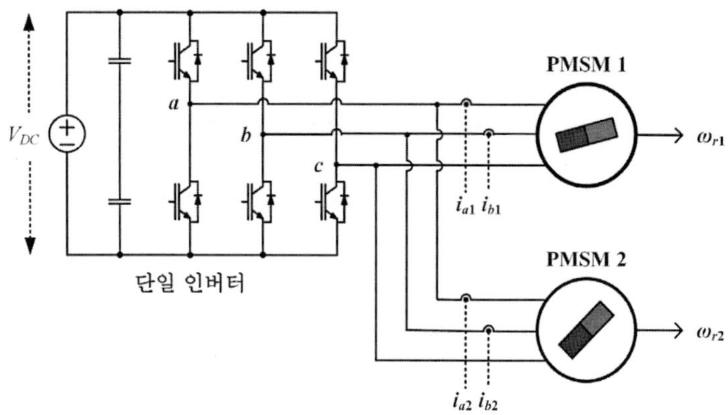

그림 4.1 PMSM 기반 SIDM 구동 시스템의 회로도

4.1 시스템의 모델링

4상 이상의 다상 인버터 기반 시스템과 비교하면, 3상 인버터를 사용하는 PMSM 기반 SIDM 구동 시스템은 필요한 전력반도체 소자의 수가 적고 게이트 드라이버 회로도 간소화할 수 있어 구성 비용 절감 측면에서 확실한 장점을 가진다. 특히, 부품 수 감소에 따른 하드웨어 단순화는 제작 비용뿐만 아니라 유지보수와 신뢰성 확보에도 긍정적인 영향을 미친다.

그러나 이러한 하드웨어적 장점에도 불구하고, PMSM 기반 SIDM 구동 시스템은 구조적 특성상 중요한 제약 조건을 내포한다. 가장 큰 특징은 두 전동기에 동일한 인버터 출력 전압이 인가된다는 점이다. 즉, 인버터 출력 전압의 크기와 위상은 두 전동기에 공통적으로 적용되며, 이에 따라 두 PMSM의 고정자 전압의 크기는 인버터 출력 전압과 동일하다.

문제는 두 전동기의 회전자 위치가 서로 다를 수 있다는 점이다. 회전자 위치 차이가 존재하면, 인버터 출력 전압이 동일하게 인가되더라도 각 전동기의 회전자 동기좌표계(Rotor reference frame) d-q 축에서 관찰되는 전압은 달라진다.

이를 수식으로 표현하면, 단일 인버터 출력 전압 v_o, 각 PMSM의 고정자 전압 v_s, 그리고 해당 전동기의 d-q 축 전압 v_d, v_q의 관계는 식 (4.1)과 같이 정의된다.

$$\begin{aligned} v_o^2 &= v_{s1}^2 = v_{d1}^2 + v_{q1}^2 \\ &= v_{s2}^2 = v_{d2}^2 + v_{q2}^2 \end{aligned} \tag{4.1}$$

여기서 아래첨자 1은 PMSM 1을, 아래첨자 2는 PMSM 2를 의미한다. 파라미터가 동일하다고 가정하면, 각 PMSM의 d축 전압 방정식은 식 (4.2)와 (4.3)으로 나타낼 수 있다.

$$\begin{bmatrix} v_{d1} \\ v_{q1} \end{bmatrix} = \begin{bmatrix} R_s & -\omega_{r1}L_s \\ \omega_{r1}L_s & R_s \end{bmatrix} \begin{bmatrix} i_{d1} \\ i_{q1} \end{bmatrix} + \omega_{r1}\phi_r \begin{bmatrix} 0 \\ 1 \end{bmatrix} \tag{4.2}$$

$$\begin{bmatrix} v_{d2} \\ v_{q2} \end{bmatrix} = \begin{bmatrix} R_s & -\omega_{r2}L_s \\ \omega_{r2}L_s & R_s \end{bmatrix} \begin{bmatrix} i_{d2} \\ i_{q2} \end{bmatrix} + \omega_{r2}\phi_r \begin{bmatrix} 0 \\ 1 \end{bmatrix} \tag{4.3}$$

여기서 R_s는 고정자 저항, L_s는 고정자 인덕턴스, w_r은 전기각속도, ϕ_r은 영구자석 쇄교자속을 의미한다. SPMSM은 돌극성이 없으므로 릴럭턴스 토크(Reluctance torque)가 발생하지 않으며, 따라서 출력 토크는 전적으로 q축 전류 성분에 의해 결정된다. 이 관계는 식 (4.4)와 (4.5)로 나타난다.

$$T_{e1} = \frac{3}{4} P \phi_r i_{q1} \tag{4.4}$$

$$T_{e2} = \frac{3}{4} P \phi_r i_{q2} \tag{4.5}$$

여기서 T_e는 PMSM의 출력 토크를 의미하며, P는 PMSM의 극수를 나타낸다.

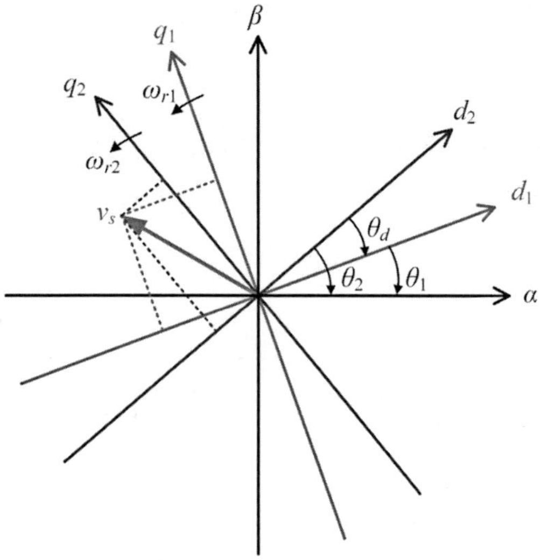

그림 4.2 PMSM 기반 SIDM 구동 시스템의 좌표계

[그림 4.2]는 PMSM 기반 SIDM 구동 시스템에서 정의되는 좌표계를 보여준다. 여기서 (d_1, q_1) 좌표계는 PMSM 1의 회전자 동기좌표계이고, (d_2, q_2) 좌표계는 PMSM 2의 회전자 동기좌표계이다. 각 좌표계는 해당 전동기의 전기각속도 w_{r1} 및 w_{r2}로 회전하며, 두 좌표계 사이의 위상차 θ_d는 두 PMSM 사이의 회전자 위치 차이를 나타낸다. θ_d는 식 (4.6)과 같이 표현되며, θ_1, θ_2는 각각 PMSM 1과 PMSM 2의 회전자 위치를 의미한다.

$$\theta_d = \theta_2 - \theta_1 \tag{4.6}$$

비록 두 전동기에 인가되는 고정자 전압 v_s는 동일하지만, θ_d가 0이 아닐 경우 각 전동기의 $d-q$ 축 전압 성분은 다르게 형성된다. Park 변환(Park's transformation)을 적용하면, 특정 물리량 f에 대해 두 회전자 동기좌표계 간의 관계를 식 (4.7)로 표현할 수 있으며, 이를 전압 방정식에 적용하면 식 (4.8)과 같은 결과를 얻는다.

$$\begin{bmatrix} f_{d2} \\ f_{q2} \end{bmatrix} = \begin{bmatrix} \cos\theta_d & \sin\theta_d \\ -\sin\theta_d & \cos\theta_d \end{bmatrix} \begin{bmatrix} f_{d1} \\ f_{q1} \end{bmatrix} \tag{4.7}$$

$$\begin{bmatrix} v_{d2} \\ v_{q2} \end{bmatrix} = \begin{bmatrix} \cos\theta_d & \sin\theta_d \\ -\sin\theta_d & \cos\theta_d \end{bmatrix} \begin{bmatrix} v_{d1} \\ v_{q1} \end{bmatrix} \tag{4.8}$$

이는 병렬로 연결된 두 PMSM의 $d-q$ 축 고정자 전압이 회전자 위치 차이에 의해 서로 다르게 형성됨을 의미한다.

이 전압 차이는 전류 형성에도 직접적인 영향을 준다. 동일한 전압을 인가받더라도 좌표계 투영의 차이로 인해 각 전동기에서 발생하는 $d-q$ 축 전류가 달라지고, 결과적으로 전자기 토크도 서로 다르게 형성된다. 이 토크 불균형은 두 전동기 간 속도 차이를 유발하는 주요 원인이 된다.

속도 차이는 다시 θ_d를 증가시키는 방향으로 작용하며, 이는 전압, 전류, 토크 불균형을 더욱 심화시키는 양의 피드백 루프를 형성한다. 이러한 루프가 제어로 억제되지 않으면, 속도 차이와 θ_d가 누적되어 결국 동기화가 유지되지 못하고, 슬레이브 전동기에서 탈조가 발생한다.

따라서 PMSM 기반 SIDM 구동 시스템의 안정적인 운전을 위해서는 θ_d와 속도 차이를 효과적으로 제어할 수 있는 제어 전략이 반드시 필요하다. 제어기의 목적은 회전자 위치 차이를 안정적인 범위 내로 유지하고, 토크 불균형을 최소화하여, 전 구간 운전에서 안정성을 확보하는 것이다. 이를 위해 속도, 위치 피드백 기반의 동기화 제어, 토크 리플 억제, 공진 주파수 대역 회피와 같은 기법들이 적용된다.

4.2 시스템의 안정도 분석

PMSM 기반의 SIDM 구동 시스템은 기본적으로 단일 인버터의 출력 전압을 두 전동기가 병렬로 공유하는 구조를 갖는다. 이와 같은 구조적 특성은 앞서 서술한 바와 같이 두 전동기에 독립적으로 전압을 인가할 수 없게 하며, 결과적으로 개별 전동기의 운전 상태를 세밀하게 제어하는 데 있어 근본적인 제약을 발생시킨다. 특히, PMSM은 유도전동기와 달리 슬립 현상이 존재하지 않으므로, 부하 조건이 서로 다른 두 전동기를 병렬로 구동할 경우 부하 차이에 따른 속도 및 회전자 위치의 불일치가 자연적으로 보상되지 않는다.

이러한 상황에서 두 전동기는 동일한 전압을 인가받더라도, 회전자 위치 차이와 속도 차이가 점진적으로 누적될 가능성이 높다. 누적된 위치 차이는 각 전동기의 $d-q$축 전압 및 전류 성분에 차이를 발생시키고, 이로 인해 출력 토크 불균형이 심화되면서 다시 속도 차이를 증가시키는 상호 증폭 루프가 형성된다. 이러한 루프가 제어 기법을 통해 억제되지 않는다면, 속도 및 위치 오차가 임계 수준을 넘어 동기 상태가 상실되며, 결국 슬레이브 전동기에서 탈조가 발생할 수 있다. 이는 단순히 토크 리플 증가나 효율 저하에 그치지 않고, 시스템 전체의 동작 안정성을 근본적으로 위협하는 요소가 된다.

따라서 PMSM 기반 SIDM 구동 시스템에서는 이러한 불안정성을 사전에 예측하고 억제할 수 있는 안정도 분석이 필수적이다. 안정도 분석은 제어기의 설계 방향을 결정하고, 특정 운전 조건에서 발생할 수 있는 위험을 조기에 식별하여 방지하기 위한 중요한 절차로서 기능한다. PMSM 기반 SIDM 구동 시스템의 안정도 경향성 분석은 단순한 이론적 검토에 그치지 않고, 실제 제어 기법의 설계와 검증에 직결된다. 특히, 제어기의 구조와 이득 설정은 이러한 분석 결과를 바탕으로 최적화되어야 하며, 이를 통해 속도 동기화 유지, 토크 리플 저감, 그리고 전체 운전 범위에서의 안정성 확보라는 핵심 목표를 달성할 수 있다.

1 기계적 모델을 통한 안정도 분석

PMSM 기반의 SIDM 구동 시스템에서 별도의 안정화 제어 기법이 적용되지 않는 경우, 시스템은 병렬 연결된 두 전동기 중 하나의 전동기를 기준으로 운전되는 마스터-슬레이브 운전 형태를 갖게 된다. 본 절에서는 제어 대상이 되는 마스터 전동기를 PMSM 1로, 개루프 방식으로 제어되는 전동기를 PMSM 2로 정의한다. PMSM 기반 SIDM 구동 시스템에서 마스터 전동기의 제어 구조는 일반적인 단일 인버터-단일 PMSM 구동 시스템과 동일하며, 비례-적분(Proportional-integral, PI) 제어기를 기반으로 하는 속도 제어기와 전류 제어기로 구성된다. 이러한 제어 구조는 단일 PMSM 구동 시스템의 안정성이 이미 검증된 형태이므로, PMSM 기반 SIDM 구동 시스템의 안정도 분석에서는 개루프 방식으로 운전되는 슬레이브 전동기의 안정성에 대한 해석이 핵심이 된다.

단일 인버터-단일 전동기 시스템에서는 각 전동기가 독립적으로 구동되기 때문에 서로의 기계적 거동이 직접적으로 간섭하지 않지만, PMSM 기반 SIDM 구동 시스템에서는 구조적으로 두 전동기의 회전자 위치 차이가 발생하게 된다. 이 회전자 위치 차이는 전동기 간 상호 작용을 통해 외란 토크로 작용하며, 특히 슬레이브 전동기의 기계적 방정식에서 결합 토크 형태로 모델링된다. 연결된 두 전동기의 기계적 모델은 식 (4.9)와 식 (4.10)과 같이 표현된다.

$$T_{e1} = J_1 \frac{d\omega_{rm1}}{dt} + B_1 \omega_{rm1} - T_{L1} \tag{4.9}$$

$$T_{e2} = J_2 \frac{d\omega_{rm2}}{dt} + B_1 \omega_{rm2} - T_{L1} - T_c \tag{4.10}$$

여기서 J와 B는 각각 전동기의 관성 모멘트와 마찰 계수를 의미하고, w_{rm}은 전동기의 기계 각속도를 나타내며, T_L은 부하 토크를 의미한다. T_c는 개루프 제어되는 슬레이브 전동기에서 발생하는 결합 토크를 나타낸다.

두 전동기의 파라미터가 동일하다고 가정하면, 식 (4.9)와 식 (4.10)으로부터 두 전동기의 기계적 차동 방정식을 식 (4.11)과 같이 얻을 수 있다.

$$T_{in} = T_{e2} - T_{L2} - (T_{e1} - T_{L1}) = J \frac{d\omega_{rmd}}{dt} + B\omega_{rmd} - T_c \tag{4.11}$$

여기서 입력 토크 T_{in}은 기계적 시스템 모델의 입력으로 작용하며, w_{rmd}는 식 (4.12)와 같이 두 전동기의 기계속도 차이를 의미한다.

$$\omega_{rmd} = \omega_{rm2} - \omega_{rm1} \tag{4.12}$$

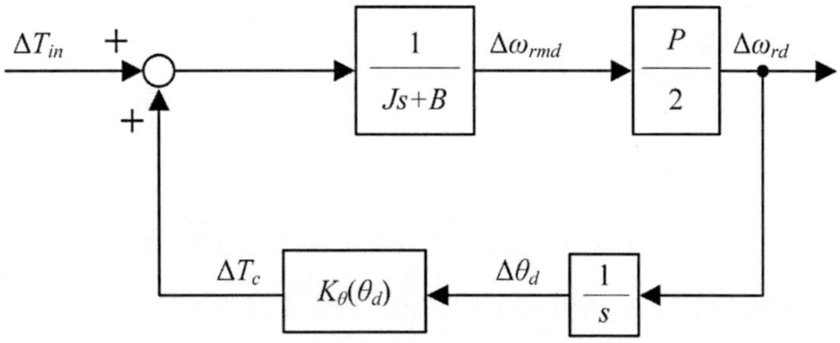

그림 4.3 PMSM 기반 SIDM 구동 시스템의 기계적 모델

[그림 4.3]은 식 (4.11)의 기계적 시스템을 소신호 모델로 표현한 것으로, $K_\theta(\theta_d)$는 회전자 위치 차이에 따른 결합 토크를 출력하는 함수이다. $K_\theta(\theta_d)$는 회전자 위치 차이의 미소 변화량에 따른 미소 결합 토크를 변환하는 역할을 하며, 이는 회전자 위치 차이에 대한 결합 토크의 변화율로 해석할 수 있다. 그러나 회전자 위치 차이와 결합 토크의 관계는 복잡한 비선형 특성을 가지므로, 이를 정확한 수식 형태로 모델링하는 것은 쉽지 않다.

식 (4.11)과 [그림 4.3]으로부터 시스템의 전달함수는 식 (4.13)과 같이 정리되며, 이에 대응하는 시스템의 특성방정식은 식 (4.14)로 나타난다.

$$\frac{\Delta\omega_{rmd}}{\Delta T_{in}} = \frac{s}{Js^2 + Bs - \frac{P}{2}K_\theta(\theta_d)} \tag{4.13}$$

$$Js^2 + Bs - \frac{P}{2}K_\theta(\theta_d) = 0 \tag{4.14}$$

특성방정식으로부터 시스템의 극점은 식 (4.15)와 같이 계산할 수 있으며, 극점의 위치는 $K_\theta(\theta_d)$의 부호에 따라 결정된다.

$$s_{1,2} = \frac{-B \pm \sqrt{B^2 + 2PJK_\theta(\theta_d)}}{2J} \tag{4.15}$$

이로부터, 시스템이 안정하게 동작하기 위한 조건은 식 (4.16)과 같이 나타낼 수 있으며,

$K_{\theta}(\theta_d)$의 부호가 안정성의 결정 요인임을 알 수 있다.

$$K_{\theta}(\theta_d) < 0 \tag{4.16}$$

즉, 해당 운전 조건에서 $K_{\theta}(\theta_d)$가 음의 값을 가지면 극점은 좌반면에 위치하여 안정한 동작을 보장하지만, 양의 값을 가지면 극점이 우반면으로 이동하여 시스템이 불안정하게 된다. 이러한 결과는 PMSM 기반 SIDM 구동 시스템의 안정성이 단순히 제어기 이득이나 외부 설정값이 아니라, 시스템의 내재적인 구조적 특성에 의해 좌우됨을 의미한다. $K_{\theta}(\theta_d)$의 부호는 전동기의 속도, 전류 크기, 전기적 파라미터 등 다양한 요인에 따라 비선형적으로 변화하며, 특히 저속 영역에서 전류 조건에 따라 큰 폭으로 변동하는 경향을 보인다. 이러한 이유로 PMSM 기반 SIDM 구동 시스템은 기본적으로 불안정성을 내포하고 있으며, 저속 영역에서 불안정성이 더욱 심화되는 특성을 보인다. 따라서 이러한 불안정성을 억제하고 안정적인 동기화를 유지하기 위해서는 결합 토크의 영향을 완화하거나 보상할 수 있는 제어 기법이 필수적으로 요구된다.

2 상태방정식을 통한 근궤적 분석

PMSM 기반 SIDM 구동 시스템의 동특성을 보다 정밀하게 분석하기 위해서는 상태방정식(State equation)을 기반으로 한 안정도 해석이 효과적인 방법으로 활용될 수 있다. 일반적으로 상태방정식 기반의 안정도 분석은 시스템의 전역적인 상태방정식을 도출하고 이를 토대로 고유값 분석을 수행함으로써 시스템 전체의 안정성을 평가하는 방식으로 진행된다. 그러나 PMSM 기반 SIDM 구동 시스템은 그 구조와 동작 특성상 PMSM의 비선형성, 고차 전기·기계 결합, 회전자 위치 차이에 따른 상호 작용 등 복잡한 요인들이 포함되어 있기 때문에, 전 구간을 아우르는 완전한 형태의 상태방정식을 도출하는 것은 수학적 복잡성이 매우 크고 분석 과정이 장기화되는 한계가 있다.

이에 따라 본 절에서는 시스템의 전체 거동을 전역적으로 해석하기보다는, 특정 운전점에서의 동특성을 평가하는 소신호 분석 접근법을 채택한다. 소신호 분석은 정상 상태 운전점을 기준으로 미소한 섭동(Perturbation)에 대한 시스템의 응답을 해석하는 기법으로, 특정 속도나 부하 조건에서의 안정도 경향성을 비교적 단순하고 직관적으로 파악할 수 있다는 장점이 있다. 특히, PMSM 기반 SIDM 구동 시스템에서는 두 전동기 간의 속도 차이, 전류, 그리고 회전자 위치 차이가 안정성에 직·간접적으로 영향을 미치기 때문에, 이를 상태 변수로 정의하고 소신호 모델을 구성함으로써 시스템의 안정성을 분석할 수 있다.

슬레이브 전동기의 전류, 속도 차이, 회전자 위치 차이에 대한 소신호 모델을 기반으로 한 상태방정식은 식 (4.17)과 같이 표현된다.

$$s\Delta x = A(x)\Delta x \tag{4.17}$$

여기서 $A(x)$와 Δx는 각각 상태 천이 행렬(State transition matrix)과 상태 변수 섭동 벡터(State variable perturbation vector)를 나타내며, 각각의 구성은 식 (4.18)과 식 (4.19)와 같이 정의된다.

$$A(x) = \begin{bmatrix} -\dfrac{R_s}{L_s} & -\omega_{r2} & \dfrac{-\phi_r - L_s i_{d2}}{L_s} & \dfrac{v_{d2}}{L_s} \\ \omega_{r2} & -\dfrac{R_s}{L_s} & i_{q2} & -\dfrac{v_{q2}}{L_s} \\ \dfrac{3P^2}{8J}\phi_r & 0 & -\dfrac{B}{J} & 0 \\ 0 & 0 & 1 & 0 \end{bmatrix} \tag{4.18}$$

$$\Delta x = \left[\Delta i_{q2} \;\; \Delta i_{d2} \;\; \Delta\omega_{rd} \;\; \Delta\theta_d\right]^T \tag{4.19}$$

여기서 w_{rd}는 두 전동기의 전기각속도 차이를 나타내며, 식 (4.20)으로 표현된다.

$$\omega_{rd} = \omega_{r2} - \omega_{r1} \tag{4.20}$$

이러한 정의를 통해, 두 전동기 간의 상대적인 전기적·기계적 거동을 하나의 선형화된 상태 공간 형태로 기술할 수 있다.

상태 천이 행렬 $A(x)$의 고유값(Eigenvalue)은 시스템의 극점을 결정하는 중요한 요소이며, 따라서 슬레이브 전동기의 속도 변화에 따른 고유값의 궤적을 분석하면 속도 변화에 따른 시스템의 근궤적(Root locus)을 얻을 수 있다. 이 근궤적은 속도 변화에 따라 극점이 복소평면에서 어떻게 이동하는지를 시각적으로 나타내며, 이를 통해 안정 영역과 불안정 영역을 직관적으로 파악할 수 있다. 특히, PMSM 기반 SIDM 구동 시스템의 경우 고정자 극점과 회전자 극점이 명확히 구분되며, 각각 전기적 동특성과 기계적 동특성에 해당한다. 전기적 동특성은 주로 인버터 및 전동기 권선에 의해 결정되며, 기계적 동특성은 관성, 마찰, 결합 토크 특성 등에 의해 좌우된다.

[그림 4.4]는 주파수 변화에 따른 상태 천이 행렬의 고유값 궤적을 나타낸 결과로, 분석에는 [표 4.1]의 PMSM 파라미터가 적용되었다. 슬레이브 전동기의 기계 모델에서 마찰 계수와 관성 모멘트는 각각 0.001 N·m·s/rad과 0.01 kg·m²로 설정되었으며, 슬레이브 전동기의 주파수가 0 Hz에서 225 Hz까지 변화하는 동안의 고유값 변화를 분석하였다. 이는 기계적 속도로 환산하면 약 0 rpm에서 4500 rpm에 해당한다. 이러한 분석 과정을 통해 속도 변화에 따른 극점 이동 패턴을 확인할 수 있으며, 특정 속도 범위에서 불안정성이 어떻게 증가하거나 감소하는지를 평가할 수 있다.

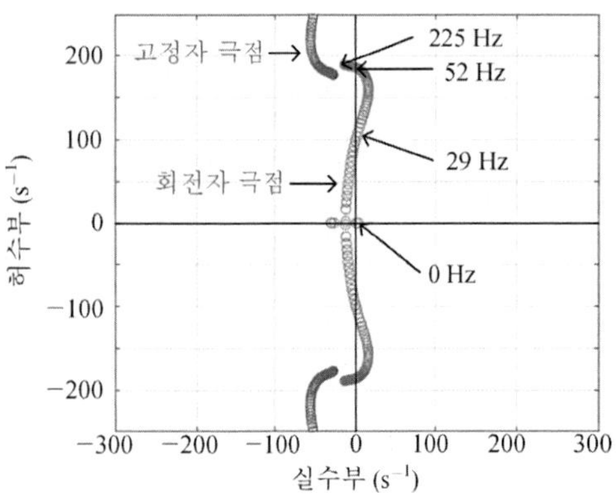

(a) θ_d = 0.1 rad 조건

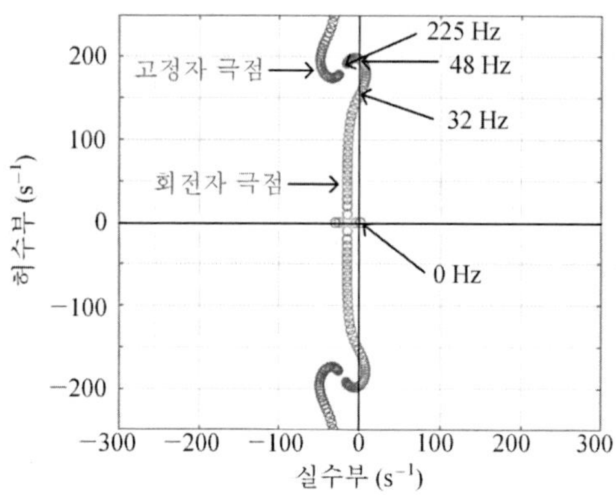

(b) θ_d = 0.2 rad 조건

그림 4.4 속도에 따른 시스템의 근궤적

[표 4.1] PMSM의 파라미터

파라미터	값
정격 용량	2.6 [kW]
정격 토크	5.5 [Nm]
정격 속도	4500 [rpm]
고정자 저항	0.364 [Ω]
고정자 인덕턴스	11.6 [mH]
영구자석 쇄교자속	0.138 [Wb]

[그림 4.4(a)]와 [그림 4.4(b)]는 각각 회전자 위치 차이가 0.1 rad와 0.2 rad인 경우의 고유값 궤적을 비교한 것이다. 두 경우 모두에서 기계적 회전자 극점은 특정 속도 영역에서 복소평면의 우반면(Right-half plane)으로 이동하는 양상을 보이며, 이는 해당 속도 영역에서 시스템의 불안정성이 커진다는 것을 의미한다. 특히, [그림 4.4(b)]의 경우 부하 토크 차이가 큰 조건으로, [그림 4.4(a)]에 비해 회전자 극점이 좌측으로 이동하여 불안정한 속도 범위가 축소되는 경향을 나타낸다. 이는 부하 토크 차이가 작아져 θ_d가 0에 근접할수록, 즉 두 전동기의 회전자 위치가 더 유사해질수록 시스템의 불안정성이 오히려 증가한다는 것을 보여준다.

이와 같은 분석 결과는 PMSM 기반 SIDM 구동 시스템의 안정성이 단순히 회전자 위치 차이의 절대 크기만으로 결정되는 것이 아니라, 속도, 부하 토크, 그리고 전기적·기계적 파라미터가 복합적으로 작용함을 시사한다. 특히, 특정 속도 범위에서는 불안정성이 점진적으로 증가하다가 일정 속도 이상에서는 상대적으로 안정화되는 경향이 나타나는데, 이는 고속 영역에서 결합 토크의 영향이 상대적으로 감소하기 때문으로 해석할 수 있다. 따라서 이러한 속도 의존적 안정도 변화를 고려하여, 저속 및 특정 중속 영역에서의 불안정성을 효과적으로 억제할 수 있는 제어 전략의 설계가 요구된다. 이는 곧 PMSM 기반 SIDM 구동 시스템에서 전 운전 범위에 걸쳐 안정적 동작을 보장하기 위해서는 속도 변화에 따른 고유값 궤적 특성을 충분히 고려한 제어기 설계가 필요함을 의미한다.

3 공진 주파수 분석

PMSM 기반 SIDM 구동 시스템에서는 병렬로 연결된 두 PMSM이 동일한 인버터의 출력 전압을 공유하면서 서로 다른 기계적 부하를 가지게 되므로, 전동기 간의 상호작용에 의해 기계적 공진 현상이 발생할 수 있다. 이러한 공진 현상은 단순히 전동기 출력의 변동을 유발하는 것을 넘어, 시스템 전체의 안정성을 저하시킬 뿐 아니라 특정 속도 구간에서 심각한 진동과 토크 맥동을 초래한다. 특히, PMSM은 슬립이 없는 구조적 특성으로 인해 속도 및 회전자 위치 차이가 빠르게 토크 변동으로 이어지며, 이는 공진 주파수 영역에서 불안정성을 극대화시키는 주요 요인으로 작용한다. 따라서 PMSM 기반 SIDM 구동 시스템의 안정적 운전을 위해서는 이러한 공진 특성을 정밀하게 분석하고, 이를 억제하거나 회피할 수 있는 제어 전략을 마련하는 것이 필수적이다.

PMSM 기반 SIDM 시스템에서의 공진 특성은 다양한 방법으로 해석될 수 있으나, 본 절에서는 질량-스프링-댐퍼(Mass-spring-damper) 모델을 기반으로 한 기계적 해석 방법을 적용한다. 이 접근법은 두 전동기의 기계적 결합 관계를 스프링 상수와 감쇠 계수로 단순화하여, 시스템의 고유 진동수(Natural frequency)와 공진 주파수(Resonant frequency)를 직관적으로 도출할 수 있는 장점이 있다.

병렬로 연결된 두 PMSM의 기계적 모델은 식 (4.9)와 식 (4.10)의 각 전동기 기계 모델을 기반으로 재정리되며, 그 결과 식 (4.21)과 같이 표현된다.

$$
\begin{aligned}
T_{diff} &= J_2\frac{d\omega_{rmd}}{dt}+B_2\omega_{rmd}+T_{e1}-T_{e2} \\
&= (J_1-J_2)\frac{d\omega_{rm1}}{dt}+(B_1-B_2)\omega_{rm1}+T_{L1}-T_{L2}
\end{aligned}
\tag{4.21}
$$

여기서 T_{diff}는 두 기계적 모델 사이의 토크 차이를 나타내며, 두 전동기 간의 기계적 공진을 유발하는 핵심적인 요소로 작용한다. T_{diff}는 식 (4.21)과 함께 식 (4.4), 식 (4.5)를 활용하여 식 (4.22)와 같이 나타낼 수 있다.

$$
T_{diff} = J_2\frac{d\omega_{rmd}}{dt}+B_2\omega_{rmd}+\frac{3}{4}P\phi_r(i_{q1}-i_{q2}) \tag{4.22}
$$

정상 상태에서는 두 전동기의 회전 속도가 동일하다고 가정할 수 있으며, 이 조건은 식 (4.23)과 같이 표현된다.

$$\omega_r = \omega_{r1} = \omega_{r2} \tag{4.23}$$

이를 전압방정식인 식 (4.2), 식 (4.3) 및 전압 관계식 식 (4.8)에 대입하면, 두 전동기의 전류 관계식이 식 (4.24)와 같이 도출된다.

$$\begin{bmatrix} i_{d2} \\ i_{q2} \end{bmatrix} = \begin{bmatrix} \cos\theta_d & \sin\theta_d \\ -\sin\theta_d & \cos\theta_d \end{bmatrix} \begin{bmatrix} i_{d1} \\ i_{q1} \end{bmatrix} + \frac{\omega_r \phi_r}{R_s^2 + \omega_r^2 L_s^2} \begin{bmatrix} R_s & \omega_r L_s \\ -\omega_r L_s & R_s \end{bmatrix} \begin{bmatrix} \sin\theta_d \\ \cos\theta_d - 1 \end{bmatrix} \tag{4.24}$$

나아가 회전자 위치 차이가 충분히 작다고 가정하면, 식 (4.22)는 식 (4.24)의 전류 관계식을 통해 식 (4.25)와 같이 표현된다.

$$T_{diff} = J_2 \frac{d\omega_{rmd}}{dt} + B_2 \omega_{rmd} + \frac{P}{2}\left(\frac{K_t L_s \phi_r \omega_r^2}{R_s^2 + \omega_r^2 L_s^2} \right) \theta_{md} \tag{4.25}$$

여기서 K_t는 토크 상수이며, θ_{md}는 기계적 회전자 위치 차이를 나타낸다. 두 변수는 각각 식 (4.26)과 식 (4.27)로 정의된다.

$$K_t = \frac{3}{4} P \phi_r \tag{4.26}$$

$$\theta_{md} = \frac{2}{P} \theta_d \tag{4.27}$$

이 관계를 통해 식 (4.25)는 질량-스프링-댐퍼 시스템의 표준 형태로 변환할 수 있으며, 이는 식 (4.28)과 같이 표현된다.

$$T_{diff} = J_2 \ddot{\theta}_{md} + B_2 \dot{\theta}_{md} + \frac{P}{2} \frac{K_t L_s \phi_r \omega_r^2}{R_s^2 + \omega_r^2 L_s^2} \theta_{md} \tag{4.28}$$

식 (4.28)로부터 시스템의 고유 주파수 ω_n은 식 (4.29)와 같이 도출된다.

$$\omega_n = \sqrt{\frac{P}{2} \frac{K_t L_s \phi_r \omega_r^2}{J_2 (R_s^2 + \omega_r^2 L_s^2)}} \tag{4.29}$$

고유 주파수는 시스템이 외부 자극에 가장 민감하게 반응하는 주파수로, 전동기의 실제 회전 속도가 이 값과 일치할 때 공진 현상이 발생한다. 이 순간, 회전자 위치 차이, 속도 차이, 그리고 토크 변동이 급격히 증폭되며, 시스템의 불안정성이 최대에 이른다. PMSM 기반 SIDM 시스템의 경우, 식 (4.29)에서 나타난 고유 주파수는 저속 영역에서 전동기 속도에 비례하여 선형적으로 증가하다가, 속도가 상승하면서 속도 항의 영향이 지배적으로 작용하여 일정 값에 수렴하는 경향을 보인다. 즉, 공진 주파수 대역은 전동기의 파라미터에 따라 달라지지만, 특별한 설계가 적용되지 않은 경우 일반적으로 수백 rpm에 해당하는 저속 영역에 위치한다.

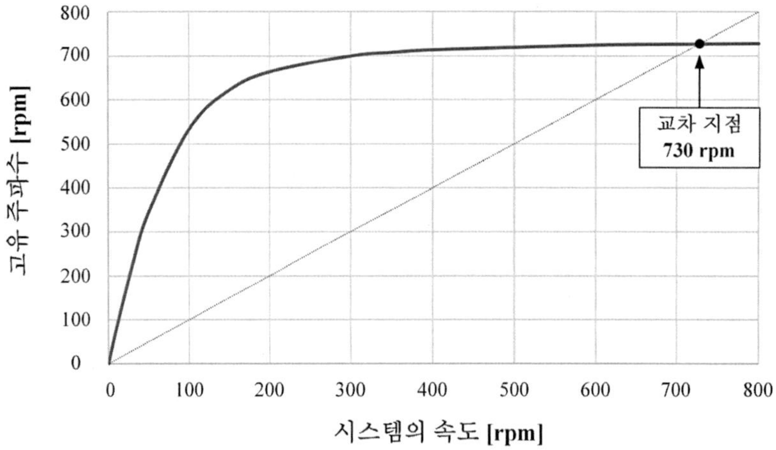

그림 4.5 시스템의 속도에 따른 고유 주파수

[그림 4.5]는 [표 4.1]의 파라미터를 기반으로 고유 주파수와 전동기 속도의 관계를 분석한 결과를 나타낸다. 본 연구에서 고려한 조건에서는 고유 주파수와 전동기 속도가 일치하는 지점은 약 730 rpm이며, 이 구간에서 공진이 최대가 되어 두 전동기 간 회전자 위치 차이, 속도 차이, 그리고 토크 진동이 크게 증가하는 경향을 보인다. 공진 억제 제어 기법이 적용되지 않을 경우, 이러한 속도 영역에서는 진동이 급격히 확대되어 시스템 제어가 불가능해지고, 결국 슬레이브 전동기에서 탈조가 발생하게 된다.

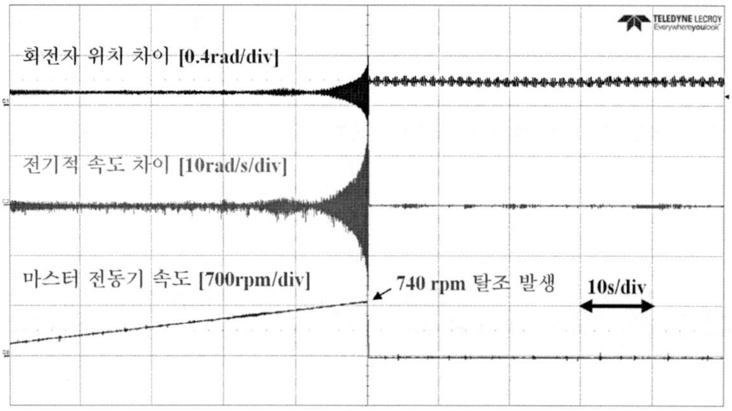

(a) 마스터 PMSM I/F 제어

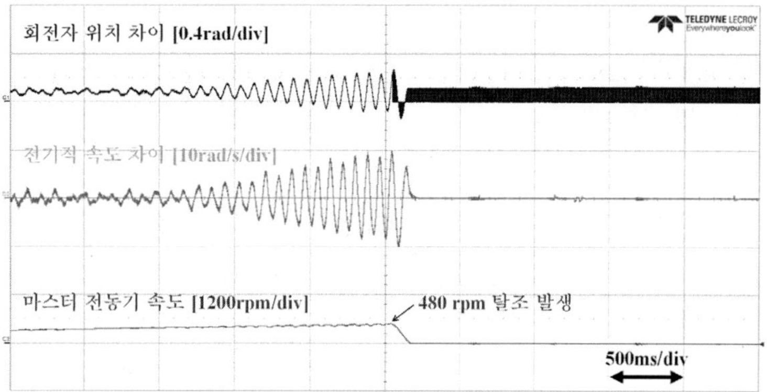

(b) 마스터 PMSM 속도 제어

그림 4.6 PMSM 기반 SIDM 구동 시스템의 공진 영역에서의 응답 특성

[그림 4.6]은 실험을 통해 PMSM 기반 SIDM 구동 시스템의 공진 특성을 확인한 결과이다. 실험 조건에서는 두 전동기의 부하를 각각 2.2 Nm로 동일하게 설정하고, 정지 상태에서 목표 속도까지 가속하는 과정을 모의하였다. 제어 방식은 I/F 제어와 마스터 전동기에만 PI 속도 제어를 적용하는 두 가지 방식이 사용되었다. 사용된 전동기의 파라미터는 [표 4.1]과 동일하므로, 공진 지점은 약 700 rpm 근처로 예상된다. [그림 4.6(a)]의 I/F 제어 실험 결과에서는 피드백 없이 두 전동기 모두 개루프 제어로 운전되었으며, 속도가 증가함에 따라 진동이 점차 확대되다가 약 600 rpm 이후 급격히 커지고, 700 rpm 근처에서 진동이 최대가 된 후 740 rpm에서 탈조가 발생하였다. 이는 기계적 모델을 기반으로 결정되는 고유 주파수와 실제 공

진이 발생하는 속도 영역이 유사함을 나타낸다. 반면, [그림 4.6(b)]의 마스터 전동기 PI 제어 실험에서는 피드백 경로가 존재함에도 불구하고, 불안정성이 피드백 제어에 직접 영향을 주어 오히려 I/F 제어보다 더 빠른 속도에서 탈조가 발생하였다.

4.3 참고문헌

[1] S.-K. Kim, J.-S. Lee, and K.-B. Lee, "Self-Tuning Adaptive Speed Controller for Unknown Permanent Magnet Synchronous Motor," *IEEE Trans. Power Electron.*, vol. 32, no. 2, pp. 1493–1506, Feb. 2016.

[2] M. Seilmeier and B. Piepenbreier, "Sensorless Control of PMSM for The Whole Speed Range Using Two-Degree-of-Freedom Current Control and HF Test Current Injection for Low-Speed Range," *IEEE Trans. Power Electron.*, vol. 30, no. 8, pp. 4394–4403, Aug. 2015.

[3] H.-W. Lee, S.-J. Jang, and K.-B. Lee, "Advanced DPWM Method for Switching Loss Reduction in Isolated DC Type Dual Inverter with Open-End Winding IPMSM," *IEEE Access*, vol. 11, pp. 2700–2710, 2023.

[4] Y. Kim and J. Ha, "Novel Topology and Control of Single Inverter System for Two Permanent Magnet Synchronous Machines," *2014 IEEE Applied Power Electronics Conference and Exposition - APEC 2014*, 2014, pp. 833–837.

[5] T. Liu and M. Fadel, "An Efficiency-Optimal Control Method for Mono-Inverter Dual-PMSM Systems," *IEEE Trans. Ind. Appl.*, vol. 54, no. 2, pp. 1737–1745, Mar./Apr. 2018.

[6] Y. Lee and J.-I. Ha, "Minimization of Stator Currents for Mono Inverter Dual Parallel PMSM Drive System," in *Proc. Int. Power Electron., Conf.*, Hiroshima, Japan, 2014, pp.3140–3144.

[7] I. Spina, G. Brando, and A. Cervone, "A Perturb-and-Observe Based MTPA Algorithm for Mono-Inverter Multi PMSM Electric Drives", *2024 International Symposium on Power Electronics, Electrical Drives, Automation and Motion (SPEEDAM)*, pp.169–177, 2024.

[8] T. Liu and M. Fadel, "An Efficiency-Optimizing Controller Design Method for Mono-Inverter Dual-PMSM Systems," in *Proc. IEEE Int. Conf. Power Electron., Drives Energy Syst.* Trivandrum,

India, 2016.

[9] T.-I. Yeam and D.-C. Lee, “Design of Sliding-Mode Speed Controller with Active Damping Control for Single-Inverter Dual-PMSM Drive Systems,” *IEEE Trans. Power Electron.*, vol. 36, no. 5, pp. 5794–5801, May 2021.

[10] H.-W. Lee and K.-B. Lee, “Simplified Model Predictive Current Control of a Mono-Inverter Dual Parallel Permanent Magnet Synchronous Motors,” *2024 IEEE Energy Conversion Congress and Exposition (ECCE)*, pp. 6357–6361.

[11] G.-J. Nam, H.-W. Lee, and K.-B. Lee, “A Gain Design Strategy for an Active Damping Controller of a MIDP Permanent Magnet Synchronous Motors Drive System,” *2024 IEEE Energy Conversion Congress and Exposition (ECCE)*, pp. 6060–6064.

[12] G. Brando, L. Piegari, and I. Spina, “Simplified Optimum Control Method for Monoinverter Dual Parallel PMSM Drive,” *IEEE Trans. Ind. Electron.*, vol. 65, no. 5, pp. 3763–3771, May 2018.

[13] Y. Lee and J.-I. Ha, “Analysis of Parameter Variations on Mono Inverter Dual Parallel SPMSM Drive System,” in *Proc. 9th Int. conf. Power Electron./IEEE Energy Convers. Congr. Expo. Asia*, Seoul, South Korea, 2015, pp. 1875–1880.

[14] T. Nagano and J.-I. Itoh, “Parallel Connected Multiple Drive System Using Small Auxiliary for Numbers of PMSM,” in *Proc. Int. Power Electron. Conf.*, May 2014, pp. 1253–1260.

[15] Y. Lee and J. Ha, “Analysis and Control of Mono Inverter Dual Parallel SPMSM Drive System,” in *Proc. IEEE Energy Convers. Congr. Expo.*, 2014, pp. 4843–4849.

[16] C. Park and S. Doki, “Active Damping Control Method for Different Dual Parallel-SPMSM Systems with Single Inverter,” *IEEJ Journal of Industry Applications*, 2023, Vol. 12, no. 1, pp. 73–83, Jan. 2023.

[17] A. Del Pizzo, D. Iannuzzi, and I. Spina, “High Performance Control Technique for Unbalanced Operations of Single-VSI Dual-PM Brushless Motor Drives,” in *Proc. IEEE Int. Ind. Electron. Symp.*, 2010, pp. 1302–1307.

[18] C. Park and S. Doki, “Control Method of Dual Parallel Surface-Mounted Permanent-Magnet Synchronous Motor Systems with Different Parameters Using Single Inverter,” *2022 IEEE*

Energy Conversion Congress and Exposition (ECCE), Detroit, MI, USA, 2022, pp. 1–8

[19] T. Liu, Z. Liu, and F. Zhu, "A Nonlinear Robust Speed Controller for Dual Nonidentical Parallel PMSM system," *IEEE Trans. Power Electron.*, vol. 37, no. 9, pp. 10190–10199, Sep. 2022.

[20] Y. Lee, and J.-I. Ha, "Control Method for Mono Inverter Dual Parallel Surface-Mounted Permanent-Magnet Synchronous Machine Drive System," *IEEE Trans. Ind. Electron.*, vol. 62, no. 10, pp. 6096–6107, Oct. 2015.

[21] M. M. Boroujeni and G. A. Markadeh, "Energy-Based Control Technique for Monoinverter Dual Parallel PMSM with Different Parameters," *IEEE Trans. Ind. Electron.*, vol. 69, no. 12, pp. 12162–12172, Dec. 2022.

[22] T. Liu, M. Fadel, J. Li, and X. Ma, "A MTPA Control Strategy for Mono-Inverter Multi-PMSM System," *IEEE Trans. Power Electron.*, vol. 36, no. 6, pp. 7165–7177, Jun. 2021.

[23] J. Lee and J.-W. Choi, "MTPA Control Method for MIDP SPMSM Drive System Using Angle Difference Controller and P&O Algorithm," *IEEE Trans. Power Electron.*, vol. 37, no. 12, pp. 15382–15396, Dec. 2022.

CHAPTER 05

능동 댐핑 제어기의 이득 설계 기법

본 장에서는 능동 댐핑 제어를 적용한 PMSM 기반 SIDM 구동 시스템의 제어 기법과, 해당 제어 기법의 성능을 극대화하기 위해 필요한 댐핑 제어기의 이득 설계 기법에 대해 다룬다. 앞서 제시된 4장에서의 분석 결과에 따르면, PMSM 기반 SIDM 구동 시스템은 구조적 특성으로 인해 저속 영역에서 공진 주파수와 전동기 속도가 일치하는 구간에서 불안정성이 극대화되며, 이로 인해 회전자 위치 차이, 속도 차이, 토크 리플이 급격히 증가하는 현상이 나타난다. 이러한 불안정성을 완화하기 위해서는 두 전동기 간 속도 및 위치 오차를 실시간으로 감지하고 이를 억제할 수 있는 추가적인 제어 루프의 도입이 필수적이다. 능동 댐핑 제어는 이러한 요구를 충족하기 위한 대표적인 기법으로, 속도 오차 기반의 댐핑 전류를 생성하여 진동 성분을 효과적으로 억제하는 것을 목표로 한다.

5.1절에서는 먼저 PMSM 기반 SIDM 구동 시스템의 불안정성 발생 메커니즘과 이를 능동 댐핑 제어를 통해 개선하는 원리에 대해 설명한다. 여기서는 기존의 마스터 전동기만을 제어하는 마스터-슬레이브 구조와 비교하여 능동 댐핑 제어가 갖는 장점, 적용 시 기대되는 안정성 향상 효과, 그리고 댐핑 전류가 실제 시스템에서 작용하는 방식에 대해 다룬다. 또한, 댐핑 전류의 생성 과정에서 속도 오차 검출, 위치 차이 보정, 그리고 전류 지령 변환 과정을 수학적으로 설명하여, 해당 기법이 불안정성 억제에 기여하는 메커니즘을 명확히 한다.

5.2절에서는 기존 능동 댐핑 제어 기법의 한계와 제한사항을 분석한다. 전통적인 방식에서는 댐핑 제어기의 이득이 실험적으로 선정되며, 이는 운전 조건이 변하는 실제 환경에서 최

적 성능을 보장하기 어렵게 만든다. 특히, 부하 토크 변화나 속도 변화에 따라 시스템의 불안정성 특성이 크게 변동하는 PMSM 기반 SIDM 구동 시스템에서는 실험적인 설계 방식이 기법 구현의 용이성을 감소시키는 원인이 된다. 이 절에서는 이러한 방식에 따른 문제점을 설명한다.

5.3절에서는 앞서 언급한 기존 방식의 한계를 보완하기 위해 제안된 능동 댐핑 제어기의 이득 설계 기법을 설명한다. 제안 기법은 시스템의 불안정성 경향성을 기반으로, 속도와 부하 조건에 따라 댐핑 이득을 가변적으로 조정함으로써, 저속 공진 영역에서 안정성을 확보하면서도 고속 영역에서의 불필요한 전류 증가를 방지하도록 설계되었다. 이를 위해 먼저 공진 주파수 분석과 근궤적 해석 결과를 바탕으로 속도 구간별로 변동하는 시스템의 불안정성의 경향성을 파악하고, 이를 통해 이득을 생성하는 절차를 제시한다. 이어서, 실제 구현 시 이득 변화를 연속적으로 적용하기 위한 수학적 기법에 대해서도 구체적으로 기술한다.

5.4절과 5.5절에서는 설명한 능동 댐핑 제어기의 이득 설계 기법의 유효성을 검증하기 위해 수행한 시뮬레이션 및 실험 결과를 제시한다. 5.4절에서는 제어기의 이득이 부적절한 경우의 시뮬레이션을 통해 속도 동기화 성능, 토크 리플 저감 효과, 공진 억제 성능을 평가한다. 5.5절에서는 실제 하드웨어 실험 세트를 활용하여 동일한 조건에서 검증을 수행하며, 제안 기법이 시뮬레이션뿐 아니라 실제 환경에서도 안정성 확보와 성능 향상에 기여함을 확인한다. 실험에서는 공진 영역 진입 시 전류 발산 억제, 속도 및 위치 오차 감소, 그리고 제어기의 응답성 개선과 같은 지표를 분석한다.

결론적으로, 본 장은 능동 댐핑 제어의 원리와 한계를 체계적으로 정리하고, 실제 운전 조건 변화에 대응할 수 있는 이득 설계 기법을 제안함으로써 PMSM 기반 SIDM 구동 시스템의 안정성을 근본적으로 향상시키는 방법을 제시한다. 이를 통해 저속 공진 영역에서 발생하는 탈조 및 진동 문제를 완화하고, 다양한 운전 조건에서 일관된 제어 성능을 유지할 수 있는 기반을 마련한다.

5.1 능동 댐핑 제어의 원리

PMSM 기반 SIDM 구동 시스템은 앞서 제4장에서 분석한 바와 같이, 슬레이브 전동기가 개루프 제어로 구동되는 경우 마스터 전동기와 슬레이브 전동기 간의 속도 및 회전자 위치 동기화를 안정적으로 유지하기 어려운 구조적 한계를 가진다. 이러한 불안정성은 특히 저속 영역에서 공진 주파수와 전동기 속도가 일치하는 경우에 심화되며, 회전자 위치 차이와 속도 차이로 인한 진동이 증폭되어 시스템의 전체적인 안정성이 저하된다. 이 문제를 해결하기 위해 제안된 대표적인 방법 중 하나가 바로 능동 댐핑 제어 기법이다.

능동 댐핑 제어는 PMSM 기반 SIDM 구동 시스템에서 발생하는 고유 진동 성분을 억제하고, 마찰 계수에 해당하는 감쇠(Damping) 요소를 인위적으로 증가시켜 시스템의 안정성을 개선하는 것을 목표로 한다. 이 기법은 기본적으로 마스터-슬레이브 제어 구조를 기반으로 동작하며, 병렬로 연결된 두 PMSM 중 하나를 마스터 전동기로 설정하고, 그 전류 및 속도 정보를 이용하여 슬레이브 전동기의 속도를 마스터 전동기의 속도에 동기화시킨다. 이를 통해 두 전동기의 회전자 위치 차이로 인해 발생하는 결합 토크를 상쇄하고, 시스템 전체의 안정성을 향상시킬 수 있다.

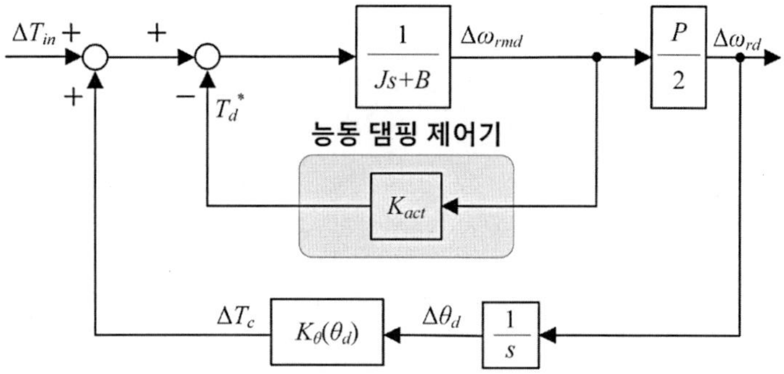

그림 5.1 능동 댐핑 제어가 적용된 PMSM 기반 SIDM 구동 시스템의 기계적 모델

[그림 5.1]은 능동 댐핑 제어가 적용된 PMSM 기반 SIDM 구동 시스템의 기계적 모델을 나타낸다. 그림에서 K_{act}는 능동 댐핑 제어기의 이득값을, T_d는 능동 댐핑 제어를 통해 생성되는 댐핑 토크를 의미한다. 이 모델은 앞서 제4장의 [그림 4.3]에서 제시된 기존 PMSM 기반

SIDM 구동 시스템의 기계적 모델에 댐핑 토크 피드백 경로를 추가한 형태이다. 댐핑 토크는 마스터 전동기와 슬레이브 전동기 사이의 속도 차이를 줄이기 위해 생성되며, 결합 토크에 의해 유발되는 진동 성분을 억제하여 마치 시스템의 마찰 계수가 증가한 것과 동일한 효과를 부여한다.

능동 댐핑 제어가 적용된 시스템의 전달함수는 식 (5.1)과 같이 나타낼 수 있으며, 이는 식 (4.13)에 능동 댐핑 제어 이득 K_{act}를 포함시킨 형태이다.

$$\frac{\Delta\omega_{rmd}}{\Delta T_{in}} = \frac{s}{Js^2 + (B + K_{act})s - \frac{P}{2}K_\theta(\theta_d)} \tag{5.1}$$

이 수식은 K_{act} 값이 클수록 시스템의 감쇠가 증가하여 진동 성분이 억제되는 경향을 보임을 나타낸다. 그 결과, 시스템의 극점은 식 (5.2)와 같이 복소평면 좌반면으로 이동하게 되며, 이는 안정성 향상으로 직결된다.

$$s_{1,2} = \frac{-(B + K_{act}) \pm \sqrt{(B + K_{act})^2 + 2PJK_\theta(\theta_d)}}{2J} \tag{5.2}$$

즉, 적절한 K_{act} 값이 설정되면, 능동 댐핑 제어는 결합 토크에 의해 발생하는 진동을 효과적으로 감소시키고, 불안정성이 두드러지는 속도 영역에서 안정적인 구동을 가능하게 한다.

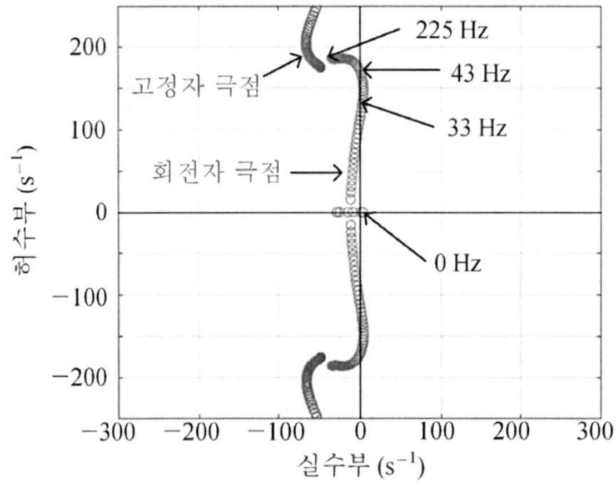

그림 5.2 능동 댐핑 제어가 적용된 시스템의 근궤적

이러한 안정화 효과는 상태방정식 기반 분석을 통해서도 확인할 수 있다. [그림 5.2]는 능동 댐핑 제어가 적용된 시스템의 상태 천이 행렬의 고유값 궤적을 나타낸다. 여기서 θ_d는 0.1 rad, 능동 댐핑 제어 이득 K_{act}는 0.1로 설정하였으며, 시뮬레이션 조건은 [그림 4.4(a)]와 동일하게 설정되었다. [그림 5.2]의 결과를 보면, 능동 댐핑 제어 적용 시 복소평면 우반면에 위치했던 불안정한 극점들이 좌반면으로 이동하며, 이로 인해 불안정성이 나타나는 속도 구간이 축소되는 것을 확인할 수 있다. 이는 능동 댐핑 제어가 시스템의 감쇠 특성을 강화하여 안정성을 개선함을 보여준다.

[그림 5.3]은 능동 댐핑 제어기의 블록 다이어그램을 나타낸다. 제어기는 단일 비례 제어기로 구성되며, 이득 $K_{p,damp}$는 기계적 모델에서 K_{act}의 역할을 결정하는 변수를 의미한다. 제어기의 입력은 마스터 전동기와 슬레이브 전동기의 속도 오차이며, 출력은 댐핑 토크 T_d로 변환된다. 이후 이 토크는 슬레이브 전동기에 필요한 보상 전류 $i^*_{d1,damp}$로 변환되어 적용된다.

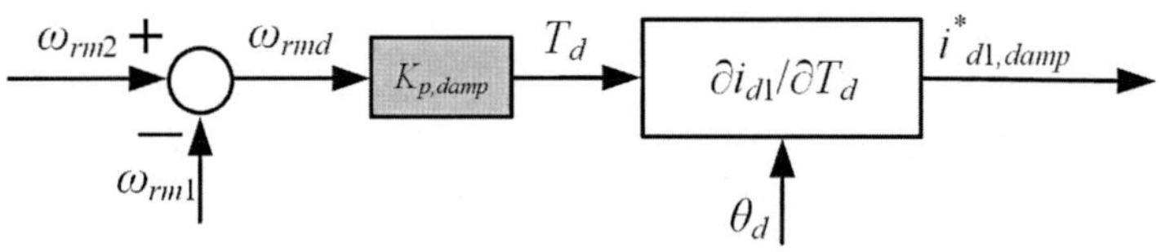

그림 5.3 능동 댐핑 제어기의 제어 블록도

댐핑 전류 $i^*_{d1,damp}$는 식 (4.21)에서 도출된 두 전동기의 전류 관계를 기반으로 계산된다. 이 관계식은 마스터 전동기의 $d-q$축 전류를 이용해 슬레이브 전동기의 전류를 유도할 수 있음을 보여주며, 이를 선형화하면 식 (5.3)과 같이 표현된다.

$$i^*_{d1,damp} = K_{p,damp}\,\omega_{rd}\,K_t\,\phi_r\,\sin(\theta_d) \tag{5.3}$$

댐핑 전류는 마스터 전동기의 d축 지령 전류에 추가되어 전류 제어기를 통해 조정되며, 슬레이브 전동기의 토크 보상 역할을 수행한다. 이를 통해 두 전동기 간의 속도 차이가 줄어들고, 시스템은 보다 안정적인 동기화를 유지할 수 있다.

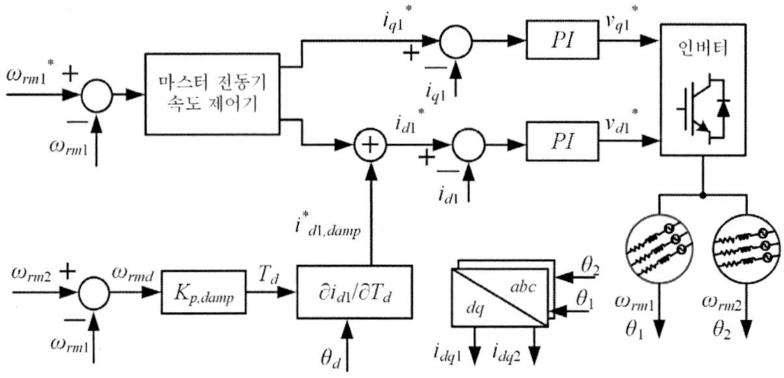

그림 5.4 능동 댐핑 제어가 적용된 PMSM 기반 SIDM 구동 시스템의 제어 블록도

[그림 5.4]는 능동 댐핑 제어기가 적용된 PMSM 기반 SIDM 구동 시스템의 전체 제어 블록 다이어그램을 나타낸다. 여기서 v_{d1}와 v_{q1}는 마스터 전동기의 $d-q$축 지령 전압, i_{d1}와 i_{q1}는 지령 전류, $\omega_{rm1}{}^*$는 지령 속도를 의미한다. 마스터 전동기는 PI 기반 속도 제어기와 전류 제어기를 통해 제어되며, 능동 댐핑 제어 출력은 속도 제어기의 d축 지령 전류에 추가된다.

결론적으로, 능동 댐핑 제어는 마스터 전동기의 속도와 전류를 이용해 슬레이브 전동기의 속도를 동기화시키고, 결합 토크로 인한 진동을 억제함으로써 PMSM 기반 SIDM 구동 시스템의 안정성을 실질적으로 향상시키는 방법이다. 그러나 이 기법의 성능은 제어 이득 $K_{p,damp}$의 적절한 선정에 크게 의존한다. $K_{p,damp}$는 기계 시스템의 파라미터 불확실성과 비선형 특성으로 인해 이론적 설계가 어려우며, 속도와 부하 토크 차이에 따라 최적값이 달라지므로 일반적으로 실험적 조정을 통해 결정된다.

5.2 기존 방식의 제한사항

능동 댐핑 제어 기법에서 가장 핵심적인 설계 변수는 제어기의 이득 값 $K_{p,damp}$를 어떻게 선정하느냐에 달려 있다. 이득 값의 크기는 시스템의 감쇠 특성을 직접적으로 결정하며, 이를 통해 회전자 위치 차이, 속도 차이, 토크 변동 등과 같이 PMSM 기반 SIDM 구동 시스템에서 발생하는 불안정성을 얼마나 효과적으로 억제할 수 있는지가 좌우된다. 기존의 많은 연구에서는 이득 값을 사전에 수학적으로 도출하기보다는, 실제 시스템을 대상으로 반복 실험을 수행하여 경험적으로 최적의 성능을 보장하는 값을 찾아내는 실험적 조정 방식을 채택해왔다. 이러한 방법은 특정 조건에서 충분히 안정성을 확보할 수 있다는 장점이 있지만, 동시에 여러 가지 구조적 한계를 내포하고 있다.

첫째, 능동 댐핑 제어기의 이득 값은 단순히 하나의 고정된 값으로 설정해두는 것이 아니라, 운전 조건에 따라 달라져야 한다는 점이 가장 큰 제약 요소이다. PMSM 기반 SIDM 구동 시스템은 두 전동기가 항상 동일한 부하 조건에서 운전된다고 가정하기 어렵다. 실제 산업 환경에서는 부하가 시간에 따라 변화하며, 두 전동기 간의 부하 불균형이 발생하는 경우가 빈번하다. 또한, 시스템은 다양한 속도 범위에서 운전되므로, 속도 변화에 따라 시스템의 불안정성 특성 역시 달라진다. 이로 인해 특정 속도·부하 조건에서 실험적으로 도출된 최적 이득 값이 다른 조건에서도 동일한 성능을 보장하지 못하게 된다. 즉, 이득 값은 속도 조건과 부하 조건에 맞추어 지속적으로 조정될 필요가 있으며, 이는 단순한 고정 값 설정으로는 해결할 수 없는 문제이다. [그림 5.5]는 이러한 특성을 실험적으로 확인한 예시를 보여준다.

[그림 5.5(a)]는 제어 이득이 적정 값보다 낮게 설정된 경우의 응답을 나타낸다. 이 경우, 능동 댐핑 제어기는 불안정성을 억제하는 데 필요한 충분한 댐핑 토크를 생성하지 못하며, 회전자 위치와 속도, 토크에서 발생하는 진동이 점진적으로 증폭된다. 결국, 일정 시간 후에는 진동이 임계치를 초과하여 슬레이브 전동기에서 탈조가 발생하게 된다. 반대로, [그림 5.5(b)]는 제어 이득이 적정 값보다 과도하게 크게 설정된 경우를 나타낸다. 이 경우에는 필요 이상으로 큰 댐핑 전류가 발생하여 3상 고정자 전류 파형에 왜곡이 유발된다. 전류 왜곡은 다시 전자기 토크의 불균일성을 초래하고, 결과적으로 회전자 위치와 속도, 토크에서 불필요한 진동이 발생하여 오히려 제어 성능을 저하시킨다. 이처럼, 이득 값이 너무 작거나 너무 큰 경우 모두 시스템의 안정성과 성능을 저해하는 결과를 가져온다.

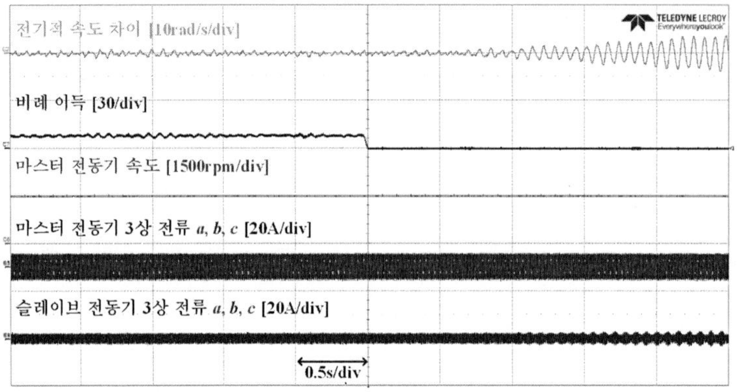

(a) 이득이 작게 설정된 경우

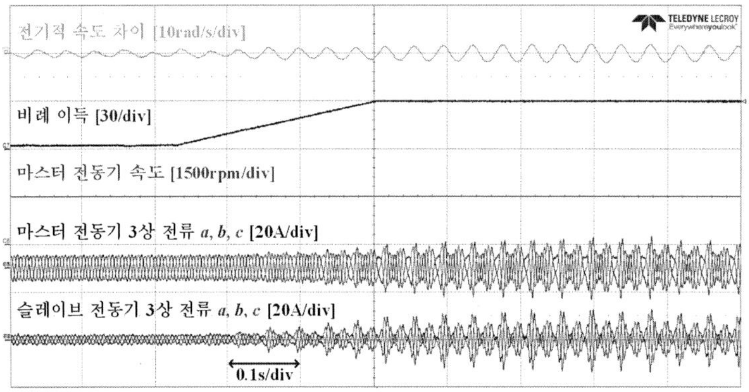

(b) 과도한 이득이 설정된 경우

그림 5.5 능동 댐핑 제어기의 이득이 적절하지 않은 경우의 예시

둘째, 이득 값이 속도와 부하 조건에 따라 변동되기 때문에, 이를 실험적으로 조정하는 과정에서 많은 반복 시행이 요구된다. 일반적인 실험적 조정 방식은 다음과 같은 절차를 따른다. 먼저 특정 속도·부하 조건을 설정한 후, 제어 이득을 변화시키면서 시스템 응답을 측정하고, 그 결과를 비교 분석하여 해당 조건에서의 최적 이득 값을 도출한다. 그러나 이 과정은 속도 조건과 부하 조건이 달라질 때마다 반복 수행되어야 하므로, 광범위한 실험이 필요하다. 속도 범위와 부하 조건의 조합이 많아질수록 실험 횟수는 기하급수적으로 증가하며, 이에 따라 시간과 비용 부담이 매우 커진다. 더불어, 이렇게 얻어진 최적 이득은 그 조건에서만 유효한 값이므로, 전체 운전 영역에서의 일반해를 제공하지 못한다는 한계가 있다.

셋째, 실험적 이득 조정 방식은 시스템 구현의 용이성을 크게 떨어뜨린다. 최적 이득을 찾기 위해서는 다수의 반복 시뮬레이션과 실제 하드웨어 실험이 필수적이며, 시스템 운전 중에도 조건이 변할 경우 다시 이득 값을 재조정해야 한다. 이러한 지속적인 튜닝 과정은 시스템의 유지보수 부담을 증가시키고, 현장 적용성을 저하시킨다. 특히, 다양한 조건에서 이득 값을 찾아야 하는 상황에서는 조정해야 할 변수의 수가 과도하게 늘어나며, 모든 경우에 대해 실험적으로 최적화를 수행하는 것은 사실상 비효율적이다.

종합하면, 기존의 실험 기반 이득 설계 방식은 특정 조건에서 안정성을 확보하는 데에는 유효하나, 속도 및 부하 조건이 다양하게 변화하는 실제 운전 환경에서 범용적으로 적용하기에는 한계가 있다. 부하 조건과 속도 조건이 모두 변동하는 PMSM 기반 SIDM 구동 시스템에서는 이득 값을 고정하는 것이 아닌, 조건 변화에 따라 적절하게 조정할 수 있는 새로운 설계 기법이 요구된다. 이러한 배경에서, 제5.3절에서는 기존 방식의 한계를 보완하고, 보다 넓은 운전 조건에서 안정성을 확보할 수 있는 능동 댐핑 제어기의 이득 설계 기법을 설명한다.

5.3 제어기의 이득 설계

제4장에서 수행한 PMSM 기반 SIDM 구동 시스템의 근궤적 분석 결과에 따르면, 본 시스템의 안정성은 두 가지 주요 요인, 즉 부하 차이와 속도 조건에 의해 지배적으로 결정됨을 확인할 수 있다. [그림 4.4]의 결과에서, 저속 영역에서 시작된 불안정성은 속도가 증가함에 따라 점진적으로 확대되며, 중속 영역에서 그 영향이 극대화되는 양상을 보인다. 그러나 일정한 속도 임계점을 넘어서는 고속 영역에서는 오히려 불안정성이 완화되는 경향을 나타냈다. 이러한 현상은 시스템의 고유 주파수와 실제 운전 속도가 일치하는 공진 영역을 통과할 때, 동특성 상의 위상 변화와 감쇠 효과가 결합되면서 불안정성이 서서히 줄어드는 물리적 메커니즘을 반영한다.

또한, 부하 차이가 시스템 안정성에 미치는 영향은 회전자 위치 차이 θ_d와 밀접하게 연관된다. 분석 결과, 부하 차이가 작아져 두 전동기 간 회전자 위치 차이가 줄어들수록 시스템 불안정성이 증가하는 경향이 나타난다. 이는 동일한 댐핑 전류를 인가하더라도 회전자 위치 차이가 작을수록 생성되는 댐핑 토크의 절대 크기가 감소하게 되며, 이로 인해 토크 진동의 억제 능력이 떨어지고 전체적인 안정성이 저하되기 때문이다. 반대로, 일정 범위 내에서 부하 차이가 커질수록 θ_d가 증가하고 댐핑 토크의 작용 폭이 커지면서 불안정성이 완화되는 효과가 나타난다.

더불어, [그림 5.2]에서 수행된 근궤적 분석은 능동 댐핑 제어기의 비례 이득 조정이 시스템 안정성에 미치는 영향을 나타낸다. 이 분석에서는 제어 이득 $K_{p,damp}$ 변화에 따른 극점의 이동 경향 변화를 확인하였으며, 이를 통해 특정 조건에서의 안정성 향상 가능성을 확인하였다. 이러한 결과는 비례 이득을 단순히 일정 값으로 설정하는 것이 아니라, 토크 차이와 속도 조건을 주요 설계 변수로 고려하여 동적으로 조정하는 것이 바람직하다는 것을 의미한다.

이에 따라 본 연구에서는 [그림 4.4]와 [그림 5.2]에서 도출된 분석 결과를 토대로, 토크 차이와 속도의 함수로 능동 댐핑 제어기의 비례 이득을 산정하는 새로운 설계 방법을 제안한다. 제안 방식은 실험 및 해석을 통해 얻어진 시스템의 안정성 변화를 반영하는 함수 모델을 수립하는 것을 기반으로 하며, 이를 통해 운전 조건 변화에 대응 가능한 체계적인 이득 설계를 구현한다.

먼저, 토크 차이에 따른 비례 이득 $K_{p(T)}$의 설계 원칙은 다음과 같다. 앞선 소신호 모델 분석 결과, 부하 차이가 커질수록 θ_d가 증가하고 불안정성이 줄어드는 경향을 보였기 때문에, 비례 이득은 토크 차이에 반비례하도록 설계된다. 즉, 부하 차이가 작아 불안정성이 큰 경우에는 비례 이득을 크게 하여 댐핑 특성을 강화하고, 부하 차이가 큰 경우에는 비례 이득을 낮추어 불필요한 제어 신호를 줄인다.

속도 조건에 따른 비례 이득 $K_{p(\omega)}$는 두 개의 속도 영역으로 나누어 설계한다. 저속 및 중속 영역에서는 [그림 4.4]와 [그림 5.2]에서 확인된 바와 같이 불안정성이 점진적으로 증가하므로, 이 구간에서는 비례 이득을 상대적으로 높게 설정한다. 반면, 고속 영역에서는 불안정성이 감소하는 특성이 나타나므로, 비례 이득을 서서히 줄여 과도한 댐핑 전류로 인한 전류 왜곡과 효율 저하를 방지한다.

이러한 설계 개념을 함수 모델로 구체화하기 위해, 속도 영역에 따라 서로 다른 수학적 형태를 적용하였다. 저속 영역의 $K_{p(\omega)}$는 속도 증가에 따라 점진적으로 커지는 특성을 나타내기 위해 삼각 함수 형태로 모델링하였으며, 고속 영역의 $K_{p(\omega)}$는 지수 함수 형태로 설계하여 속도가 커질수록 완만하게 감소하도록 하였다. 이와 마찬가지로, 토크 차이에 대한 $K_{p(T)}$는 반비례 특성을 효과적으로 반영하기 위해 지수 함수 형태로 정의하였다. 이를 종합하면, 비례 이득 $K_{p,damp}$는 다음과 같이 정의된다.

$$K_{p,damp} = K_{p(T)} \times K_{p(\omega)} \tag{5.4}$$

$$K_{p(T)} = \alpha_T \exp(\beta_T \times T_{ed}) \tag{5.5}$$

$$K_{p(\omega)} = \begin{cases} \alpha_{\omega(l)} \sin(\beta_{\omega(l)} \times \omega_r + \gamma_{\omega(l)}) & (\omega_r < \omega_{mid}) \\ \alpha_{\omega(h)} \exp(\beta_{\omega(h)} \times \omega_r) & (\omega_r \geq \omega_{mid}) \end{cases} \tag{5.6}$$

여기서, $K_{p,damp}$는 능동 댐핑 제어기의 최종 비례 이득이며, $K_{p(T)}$와 $K_{p(\omega)}$는 각각 토크 차이 항과 속도 항에 의해 결정된다. T_{ed}는 두 전동기 간 토크 차이, ω_{mid}는 불안정성이 감소하기 시작하는 중속 지점을 나타낸다. α_k, β_k, γ_k는 각 함수 항의 계수이며, 아래첨자 k는 토크 항(T), 저속 영역 $\omega(l)$, 고속 영역$\omega(h)$을 구분한다.

다음 단계로, 이러한 함수 모델의 계수를 도출하기 위해 최소제곱법(Least squares method, LSM)이 적용된다. LSM은 주어진 함수 형태와 실험 데이터 간의 잔차 제곱합을 최소화하는 파라미터를 찾는 방법이며, 본 연구에서는 Gauss-Newton 알고리즘을 결합하여 사용하였다. Gauss-Newton 방법은 초기 추정값에서 시작하여, 야코비안(Jacobian) 행렬과 잔차 벡터를 반복적으로 갱신함으로써 계수를 점진적으로 수렴시키는 방식이다. 이를 수식화 하면 식 (5.7)-(5.10)과 같이 표현된다.

$$X_{i+1} = X_i - \left(J(X_i)^T J(X_i)\right)^{-1} J(X_i)^T F(X_i) \tag{5.7}$$

$$X_i = [\alpha_{Ti} \quad \beta_{Ti}]^T \tag{5.8}$$

$$F(X_i) = \begin{bmatrix} y_1 - \alpha_{Ti} \exp(\beta_{Ti} x_1) \\ y_2 - \alpha_{Ti} \exp(\beta_{Ti} x_2) \end{bmatrix} \tag{5.9}$$

$$J(X_i) = \begin{bmatrix} -\exp(\beta_{Ti} x_1) & -\alpha_{Ti} x_1 \exp(\beta_{Ti} x_1) \\ -\exp(\beta_{Ti} x_2) & -\alpha_{Ti} x_2 \exp(\beta_{Ti} x_2) \end{bmatrix} \tag{5.10}$$

여기서 y와 x는 각각 실측값과 입력값을 의미하며, X_i는 설계 파라미터의 행렬을 나타낸다. 행렬 X_i는 식 (5.4)에서 식 (5.6)까지의 각 함수의 계수들을 의미하며, $F(X_i)$는 모델링 식을 통해 예측된 값과 실측값의 차이인 잔차 행렬을 나타낸다. LSM을 적용하기 위해서는 다양한 운전 조건에서 측정된 $K_{p,damp}$ 데이터가 필요하다. 이 경우, 저속, ω_{mid} 부근, 고속 영역의 세 구간에서 토크 차이에 따른 데이터를 수집하였다. 예를 들어, [표 5.1]에 제시된 바와 같이, 200 rpm 조건에서는 (x, y)=(1.1, 10), (2.2, 3.3), (3.3, 1.7)의 세 데이터 쌍을 사용하여 반복 계산을 수행하였다. 이 데이터들은 식 (5.9)의 x 및 y에 대응되며, 반복 횟수가 증가함에 따라 계수 추정값이 점점 정확해진다. 이와 같은 과정은 식 (5.7)-(5.10)에 의해 수식적으로 표현된다. 식 (5.6)의 저속 조건에서의 $K_{p(\omega)}$에 적용되는 삼각 함수의 계수 또한 위와 같은 방식으로 도출된다.

[표 5.1] 실험을 통하여 측정된 능동 댐핑 제어기의 비례이득

속도 [rpm]	부하 토크 차이		
	1.1 [Nm]	2.2 [Nm]	3.3 [Nm]
200	10	3.3	1.7
700	15	5	2.5
4500	0.5	0.3	0.1

이를 통해, 제안된 설계 기법은 제한된 수의 실험 데이터만으로도 전 운전 범위에서의 비례이득을 함수 형태로 구현할 수 있다. 또한, 기존 방식인 전 영역에서의 실험 기반 설계 방식에 비하여 효율적인 이득 설계를 가능하게 한다.

5.4 시뮬레이션

본 연구에서 제안한 능동 댐핑 제어기의 이득 설계 기법은 PSIM 시뮬레이션 툴을 사용하여 그 타당성과 효과를 검증하였다. 시뮬레이션에 사용된 PMSM의 파라미터는 [표 4.1]에 제시된 값을 적용하였으며, 인버터의 스위칭 주파수는 10 kHz로 설정하였다.

LSM을 활용한 비례 이득 최적화 기법의 성능을 검증하기 위해, 설계된 $K_{p,damp}$의 수식은 [표

5.1]의 데이터를 기반으로 식 (5.4)부터 식 (5.10)까지의 관계식을 적용하여 도출되었다. 특히, 앞서 수행된 근궤적 분석인 [그림 4.3] 및 [그림 5.2]의 결과에 따르면, 시스템의 불안정성은 약 700 rpm 부근에서 최대화되는 경향을 보인다. 이는 공진 대역의 영향이 중속 영역에 집중되어 있음을 의미한다. 따라서, 속도 영역의 분기점을 나타내는 ω_{mid}는 700 rpm으로 설정되었다.

이에 따라, 능동 댐핑 제어기의 비례 이득 함수는 식 (5.11)과 같이 정의되며, ω_{mid} 이하의 저속중속 영역에서는 삼각 함수 형태, ω_{mid} 이상에서는 지수 함수 형태로 모델링되었다. 이러한 구조는 중저속 영역에서의 불안정성 증대 구간에서는 댐핑 특성을 강화하고, 고속 영역에서는 불필요한 댐핑 전류의 과도한 인가를 방지하는 역할을 한다.

$$K_{p,dmap} = \begin{cases} 16\exp(-T_{ed}) \times 3\sin(2\pi \times 0.000261 \times \omega_r + 0.7) & (\omega < 700) \\ 16\exp(-T_{ed}) \times 5\exp(-0.000915 \times \omega_r) & (\omega \geq 700) \end{cases} \tag{5.11}$$

[그림 5.6]은 제안된 능동 댐핑 제어 기법이 적용된 PMSM 기반 SIDM 구동 시스템의 가속 시뮬레이션 결과를 나타낸다. 시뮬레이션에서는 마스터 전동기와 슬레이브 전동기의 부하 토크를 각각 3.3 Nm와 2.2 Nm로 설정하고, 초기 속도 0 rpm에서 목표 속도 4500 rpm까지 가속하는 조건을 부여하였다.

[그림 5.6(a)]는 비례 이득이 부적절하게 설정된 경우의 결과를 나타낸다. 이 경우, ω_{mid}에 도달하기 전까지는 슬레이브 전동기의 속도와 회전자 위치 차이가 서서히 수렴하는 경향을 보였으나, ω_{mid} 이후 영역에서는 진동이 급격히 발산하는 현상이 발생하였다. 특히, 700 rpm 인근의 공진 대역에서 비례 이득이 충분히 확보되지 않은 점이 문제의 주요 원인으로 작용하였으며, 반대로 고속 영역에서는 과도한 이득으로 인해 불필요하게 큰 댐핑 전류가 발생하여 고정자 전류 왜곡과 토크 진동을 유발하였다. 이러한 현상은 속도 변화에 따라 비례 이득을 적절히 조정하는 전략이 필수적임을 시사한다.

[그림 5.6(b)]는 본 연구에서 도출된 식 (5.11)의 비례 이득 함수를 적용한 경우의 결과를 나타낸다. 제안된 함수는 전동기의 속도 및 부하 토크 차이에 따라 $K_{p,damp}$를 실시간으로 조정하며, 이를 통해 공진 대역에서의 불안정성을 완화하고 고속 영역에서의 과도한 제어 출력을 방지하였다. 그 결과, 슬레이브 전동기의 토크 진동이 크게 억제되었으며, 회전자 위치 차이 역시 안정

적으로 수렴하는 경향을 보였다. 특히, 700 rpm 부근의 불안정성 최대 영역에서 제어 효과가 두드러지게 나타나, 부적절한 이득이 설정된 방식에 비하여 향상된 안정성을 나타내었다.

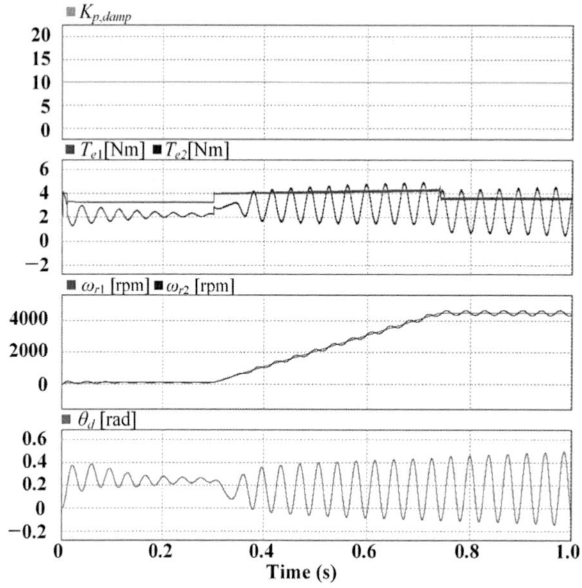

(a) 부적절한 이득이 설정된 경우

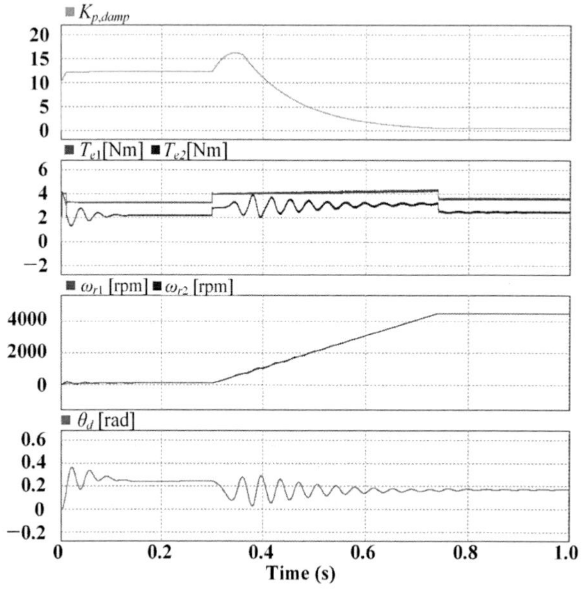

(b) 비례 이득 함수가 적용된 경우

그림 5.6 능동 댐핑 제어기의 비례 이득에 따른 가속 시뮬레이션 결과

5.5 실험결과

본 연구에서 제안한 능동 댐핑 제어기의 이득 설계 기법은 2.6 kW 급 SPMSM를 이용한 실험을 통해 그 유효성이 검증되었다. 실험 환경은 5.4절의 시뮬레이션과 동일하게 설정하여 결과의 직접 비교가 가능하도록 하였으며, 사용된 실험 세트는 [그림 5.7]에 제시되어 있다. 해당 실험 세트는 TI사의 TMS320F28377D 기반 디지털 신호처리기(Digital signal processor, DSP)를 제어 보드로 채택하였으며, 단일 2레벨 인버터를 통해 병렬 연결된 두 대의 PMSM에 동일한 3상 전압을 인가하였다. 인버터의 스위칭 주파수는 10 kHz로 설정하였으며, PMSM의 전기적·기계적 파라미터는 [표 4.1]에 제시된 값과 동일하다.

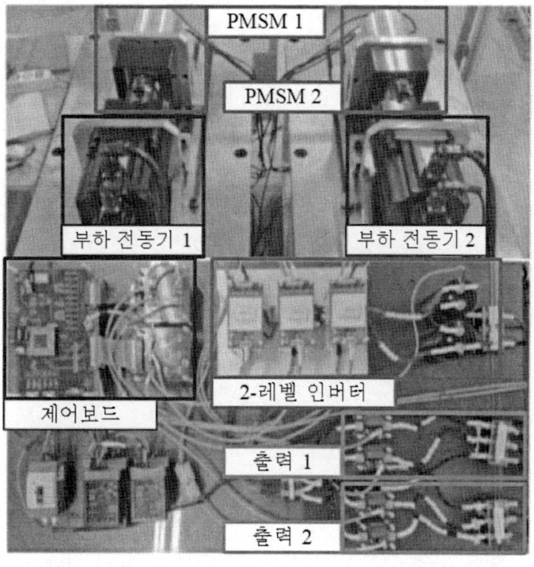

그림 5.7 PMSM 기반 SIDM 구동 시스템 실험 세트

이득 설계 기법의 검증에 사용된 실측 데이터는 [표 5.1]의 데이터를 기반으로 하였으며, 능동 댐핑 제어기의 비례 이득 $K_{p,damp}$는 식 (5.11)에 따라 계산되었다. 이때, 실험의 주요 목표는 두 전동기 간의 속도 동기화를 안정적으로 유지하는 것이므로, 슬레이브 전동기에서 발생하는 속도 리플의 허용 범위는 운전 속도의 최대 10 % 이하로 설정하였다. 이는 부하 변화나 속도 가속 구간에서 발생하는 과도 응답이 시스템의 동기화 안정성에 미치는 영향을 정량적

으로 평가하기 위함이다.

① 가속 조건에서의 검증

[그림 5.8]은 두 전동기를 0 rpm에서 4500 rpm까지 가속시키는 조건에서 수행된 실험 결과를 나타낸다. 마스터 전동기와 슬레이브 전동기의 부하 토크는 각각 5.5 Nm와 3.3 Nm로 설정하였으며, 이에 따라 부하 토크 차이(T_{ed})는 2.2 Nm로 유지되었다. 두 전동기 간 부하 토크 차이는 속도 증가 과정에서도 일정하게 유지되었으므로, $K_{p,damp}$ 값은 속도 항에 의해 주로 결정되었다. PMSM 기반 SIDM 구동 시스템의 특성상, 저속 영역에서는 불안정성이 크게 나타나며, 이는 회전자 위치 차이(θ_d), 속도 차이(ω_{rmd}), 토크 차이에 모두 진동 성분을 유발한다. 특히 공진 주파수 대역인 약 700 rpm 부근에서 진동이 최대화되며, 이후 고속 영역에서는 불안정성이 완화되어 진동이 감소한다.

[그림 5.8(a)]는 반복 실험을 통해 측정된 비례 이득 데이터를 적용한 경우의 결과이다. 이때 제어 이득은 300 rpm부터 3500 rpm까지 총 15개 속도 지점(300 rpm, 400 rpm, 500 rpm, 600 rpm, 700 rpm, 800 rpm, 900 rpm, 1200 rpm, 1350 rpm, 1500 rpm, 1750 rpm, 2000 rpm, 2250 rpm, 2500 rpm, 3500 rpm)에서 개별적으로 도출되었으며, 700 rpm까지는 지속적으로 증가하다가 이후 감소하는 경향을 나타냈다. 이에 따라 댐핑 전류 역시 공진 대역에서 최대값을 형성한 뒤 속도 증가에 따라 점진적으로 줄어드는 패턴을 보였다.

[그림 5.8(b)]는 제안한 이득 함수 식 (5.11)을 적용한 경우의 결과이다. 이 경우, $K_{p,damp}$는 700 rpm 이하에서는 증가하다가, 이후 고속 영역에서는 점진적으로 감소하도록 설계되어, 불필요한 전류 인가를 방지하였다. 그 결과, 공진 대역에서의 탈조 없이 안정적인 가속이 가능하였으며, 속도 리플과 토크 진동 역시 허용 범위 내로 억제되었다.

분석 결과, 공진 영역을 제외한 대부분의 구간에서 두 방법 모두 속도 차이 리플은 피크 기준 4 rpm 미만으로 유지되었으나, 공진 대역에서는 실측 데이터 기반의 경우 6 rpm, 제안 함수 기반의 경우 10 rpm으로 측정되었다. 댐핑 전류의 피크는 두 경우 모두 약 2.5 A로 동일하였으나, 실측 데이터 기반 방식에서는 높은 이득이 오래 유지되어 RMS 값이 더 크게 나타났다. 이는 전류 인가 시간이 길어져 에너지 소모 측면에서 불리함을 의미한다.

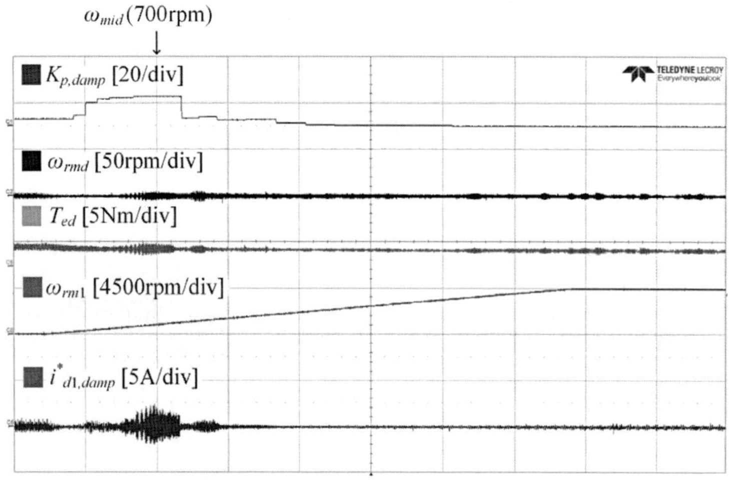

(a) 실측된 이득을 사용한 경우

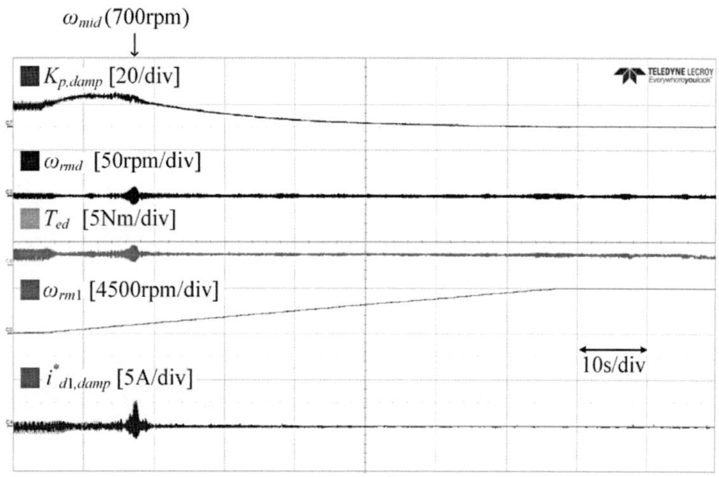

(b) 제안하는 이득 함수를 사용한 경우

그림 5.8 전속도 영역 가속 실험 결과

② 부하 변화 조건에서의 검증

[그림 5.9]는 속도 4500 rpm의 정상 상태에서 슬레이브 전동기의 부하 토크를 5.5 Nm에서 2.2 Nm로 감소시킨 뒤 다시 4.4 Nm로 복귀시키는 조건에서의 응답 특성을 나타낸다.

[그림 5.9(a)]는 실측 이득 데이터를 적용한 결과이며, 부하 토크 차이 조건(1.1, 2.2, 3.3, 4.4

Nm)에 대해 반복 실험을 통해 적절한 값을 개별적으로 선정하였다. 부하 변화 시에도 속도 동기화 성능이 양호하게 유지되었으며, 진동 감쇠 시간은 약 6.79 s로 측정되었다.

[그림 5.9(b)]는 제안 이득 함수를 적용한 경우로, 부하 변화에 따라 이득 값이 자동으로 조정되었다. 속도 리플은 피크 기준 21 rpm으로, 실측 데이터 적용 시(24 rpm)와 유사한 수준을 나타냈으며, 감쇠 시간은 약 7.03 s로 측정되었다. 두 방식 모두 동등한 성능을 보였으나, 제안 기법은 별도의 실험적 이득 조정 없이도 동일 수준의 성능을 확보하였다.

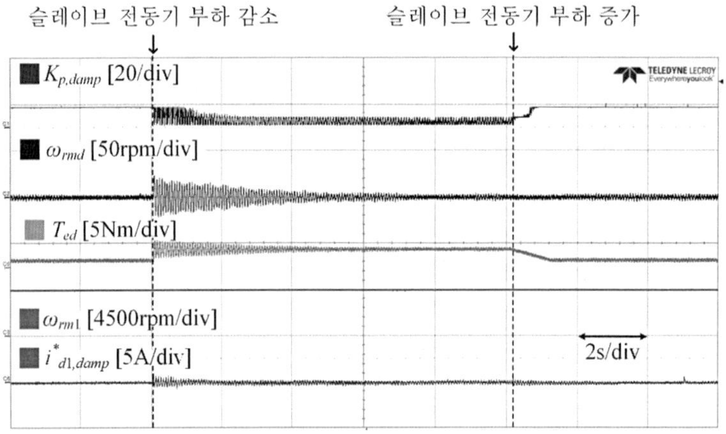

(a) 실측된 이득을 사용한 경우

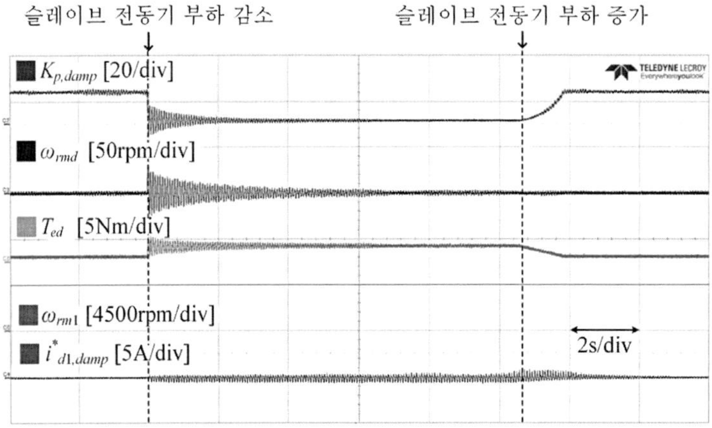

(b) 제안하는 이득 함수를 사용한 경우

그림 5.9 부하 변경 실험 결과

③ 부적절한 이득 적용 시의 영향

[그림 5.10]은 중속 영역에서 두 전동기의 부하 토크가 동일한 동부하 조건을 설정하고, 의도적으로 부적절한 이득을 적용한 경우를 보여준다. [그림 5.10]의 속도 조건은 1000 rpm이며, 각 전동기의 부하 토크는 5.5 Nm로 설정하였다. 설계된 이득 적용 시에는 충분한 댐핑 전류가 인가되어 진동이 억제되었으나, 이득을 낮게 설정한 경우 댐핑 전류 부족으로 속도 및 토크 진동이 발산하여 탈조가 발생하였다.

[그림 5.11]은 속도와 이득을 고정한 상태에서 슬레이브 전동기의 부하 토크를 3.3 Nm에서 4.4 Nm로 변경한 경우의 결과이다. 마스터 전동기의 부하 토크는 5.5 Nm로 유지되었다. 이 경우, 부하 토크 차이가 줄어들면 시스템 불안정성이 증가하게 된다. 이에 따라, 능동 댐핑 제어기의 이득이 증가해야 하는 조건이며, 고정값이 유지되는 경우 슬레이브 전동기에서 발생하는 진동이 점차 발산하여 결국 탈조로 이어진다.

[그림 5.12]는 특정 운전 조건에서 설정된 이득을 다른 운전 조건에 적용한 실험 결과를 나타낸다. 이득이 설정된 운전 조건은 속도 2000 rpm, 마스터 부하 토크 5.5 Nm, 슬레이브 부하 토크 2.2 Nm, 부하 토크 차이 3.3 Nm이다. [그림 5.12(a)]는 기존에 설정된 이득을 사용하며, 슬레이브 부하 토크의 크기를 3.3 Nm로 변경하였다. 부하 토크 차이가 3.3 Nm에서 2.2 Nm로 감소하므로, 시스템의 불안정성이 증가하는 조건으로의 변동이 발생한다. 따라서, 기존 이득을 유지하는 경우 슬레이브 전동기의 진동이 증가하며 발산하게 된다.

[그림 5.12(b)]는 기존의 조건에서 설정된 이득을 사용하여 500 rpm 조건에서 구동한 실험 결과를 나타낸다. 공진 주파수 영역 근처로 시스템의 속도가 변경되는 조건에 해당하며 이에 따라 시스템의 불안정성이 증가하게된다. 따라서 이 경우 역시 기존 이득을 유지하는 경우, 슬레이브 전동기에서 발생하는 진동의 크기가 증가하며 최종적으로 탈조가 발생하게 된다.

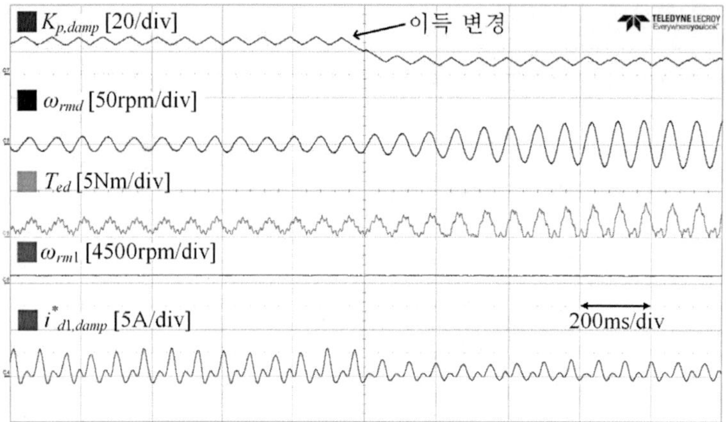

그림 5.10 부적절한 이득을 적용하는 경우의 실험 결과

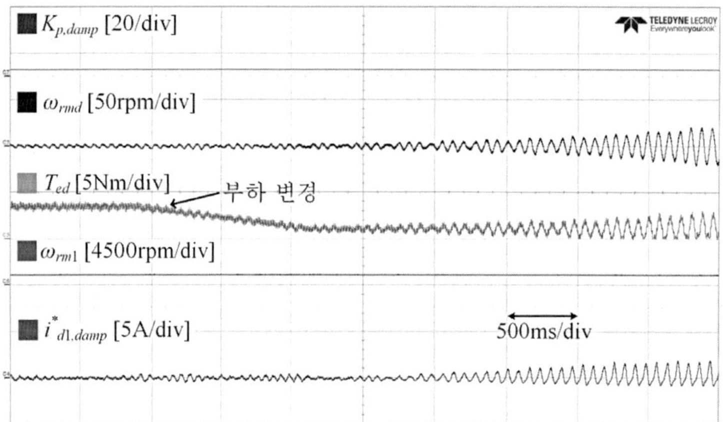

그림 5.11 이득값을 유지하며 부하 토크를 변경하는 경우의 실험 결과

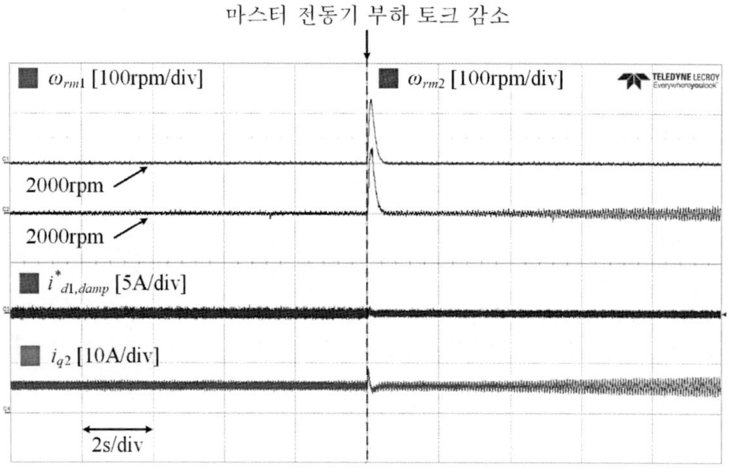

(a) 부하 토크 조건 변경

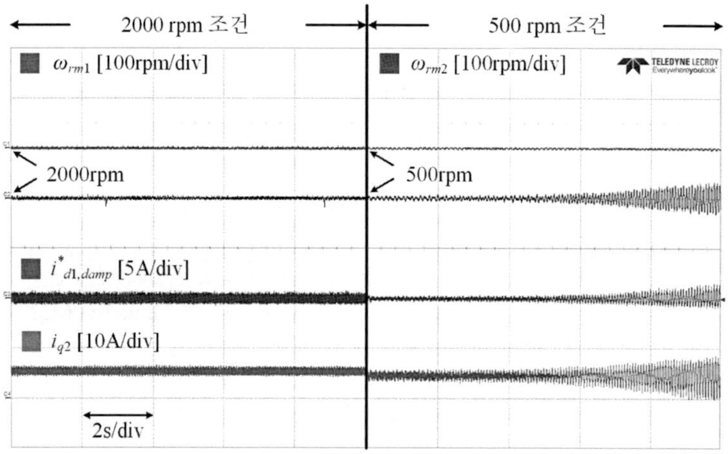

(b) 속도 조건 변경

그림 5.12 특정 운전 조건에서 설정된 이득값을 유지하며 운전 조건을 변경한 경우의 실험 결과

④ 종합 분석

[그림 5.8]에서 [그림 5.12]까지의 실험 결과를 종합하면, PMSM 기반 SIDM 구동 시스템의 안정적인 운전을 위해서는 속도 및 부하 토크 조건에 따라 $K_{p,damp}$를 동적으로 조정하는 것이 필수적임을 확인할 수 있다. 제안한 이득 설계 기법은 별도의 반복 실험 없이도 다양한 운전 조건에서 실험 기반 방법과 동등한 수준의 동기화 성능을 유지하였다. 이를 통해, 기존 방

식의 한계였던 이득 설계 과정에서의 시간 및 비용 부담을 크게 줄이고, 시스템의 운전 조건 변화에 능동적으로 대응할 수 있는 제어 방안을 제시할 수 있음을 실증하였다.

5.6 참고문헌

[1] H.-W. Lee, G.-J. Nam and K.-B. Lee, "Gain Design Method for Active Damping Control in Mono-Inverter Dual Parallel Permanent Magnet Synchronous Motors Drive Systems," *IEEE Trans. Ind. Appl.*, vol. 61, no. 5, pp. 7330–7338, Sep.-Oct. 2025.

[2] Y. Lee and J.-I. Ha, "Minimization of Stator Currents for Mono Inverter Dual Parallel PMSM Drive System," in *Proc. Int. Power Electron., Conf.*, Hiroshima, Japan, 2014, pp.3140–3144.

[3] C. Park and S. Doki, "Control Method of Dual Parallel Surface-Mounted Permanent-Magnet Synchronous Motor Systems with Different Parameters Using Single Inverter," *2022 IEEE Energy Conversion Congress and Exposition (ECCE)*, Detroit, MI, USA, 2022, pp. 1–8

[4] T. Liu and M. Fadel, "An Efficiency-Optimal Control Method for Mono-Inverter Dual-PMSM Systems," *IEEE Trans. Ind. Appl.*, vol. 54, no. 2, pp. 1737-1745, Mar./Apr. 2018.

[5] Y. Lee and J. Ha, "Analysis and Control of Mono Inverter Dual Parallel SPMSM Drive System," in *Proc. IEEE Energy Convers. Congr. Expo.*, 2014, pp. 4843–4849.

[6] Y. Lee and J.-I. Ha, "Analysis of Parameter Variations on Mono Inverter Dual Parallel SPMSM Drive System," in *Proc. 9th Int. conf. Power Electron./IEEE Energy Convers. Congr. Expo. Asia*, Seoul, South Korea, 2015, pp. 1875–1880.

[7] H.-W. Lee and K.-B. Lee, "Simplified Model Predictive Current Control of a Mono-Inverter Dual Parallel Permanent Magnet Synchronous Motors," *2024 IEEE Energy Conversion Congress and Exposition (ECCE)*, pp. 6357–6361.

[8] G.-J. Nam, H.-W. Lee, and K.-B. Lee, "A Gain Design Strategy for an Active Damping Controller of a MIDP Permanent Magnet Synchronous Motors Drive System," *2024 IEEE Energy Conversion Congress and Exposition (ECCE)*, pp. 6060–6064.

[9] G. Brando, L. Piegari, and I. Spina, "Simplified Optimum Control Method for Monoinverter

Dual Parallel PMSM Drive," IEEE *Trans. Ind. Electron.*, vol. 65, no. 5, pp. 3763–3771, May 2018.

[10] Y. Lee and J.-I. Ha, "Control Method of Mono Inverter Dual Parallel Drive System with Interior Permanent Magnet Synchronous Machines," *IEEE Trans. Power Electron.*, vol. 31, no. 10, pp. 7077–7086, Oct. 2016.

[11] C. Park and S. Doki, "Active Damping Control Method for Different Dual Parallel-SPMSM Systems with Single Inverter," *IEEJ Journal of Industry Applications*, 2023, vol. 12, no. 1, pp. 73–83, Jan. 2023.

[12] J. Lee and J.-W. Choi, "MTPA Control Method for MIDP SPMSM Drive System Using Angle Difference Controller and P&O Algorithm," *IEEE Trans. Power Electron.*, vol. 37, no. 12, pp. 15382–15396, Dec. 2022.

[13] Y. Lee, and J.-I. Ha, "Control Method for Mono Inverter Dual Parallel Surface-Mounted Permanent-Magnet Synchronous Machine Drive System," *IEEE Trans. Ind. Electron.*, vol. 62, no. 10, pp. 6096–6107, Oct. 2015.

[14] T. Liu, M. Fadel, J. Li, and X. Ma, "A MTPA Control Strategy for Mono-Inverter Multi-PMSM System," *IEEE Trans. Power Electron.*, vol. 36, no. 6, pp. 7165–7177, Jun. 2021.

[15] D. Bidart, M. Pietrzak-David, P. Maussion, and M. Fadel, "Mono Inverter Multi-Parallel Permanent Magnet Synchronous Motor: Structure and Control Strategy," *IET Elect. Power Appl.*, vol. 5, no. 3, pp. 288–294, Mar. 2011.

[16] T.-I. Yeam and D.-C. Lee, "Design of Sliding-Mode Speed Controller with Active Damping Control for Single-Inverter Dual-PMSM Drive Systems," *IEEE Trans. Power Electron.*, vol. 36, no. 5, pp. 5794–5801, May 2021.

[17] J. M. Lazi, Z. Ibrahim, M. H. N. Talib, and R. Mustafa, "Dual Motor Drives for PMSM Using Average Phase Current Technique," *in Proc. IEEE Int. Conf. Power Energy*, Kuala Lumpur, Malaysia, 2010, pp. 786–790.

[18] T. Nagano and J. Itoh, "Design of Multi-Parallel Drive Technique for System with Numbers of Permanent Magnet Synchronous Motors," *2013 IEEE 10th International Conference on Power Electronics and Drive Systems (PEDS)*, 2013, pp. 193–198.

[19] A. Bouscayrol, M. Pietrzak-David, P. Delarue, R. Pena-Eguiluz, P. Vidal, and X. Kestelyn, "Weighted Control of Traction Drives with Parallel-Connected AC Machines," *IEEE Trans. Ind. Electron.*, vol. 53, No. 6, pp. 1799–1806, Dec. 2006.

CHAPTER 06

PMSM 기반 SIDM 구동 시스템의 속도 동기화 제어 기법

앞서 4장에서 수행된 해석을 통해, SIDM 구동 시스템에서 사용되는 PMSM은 그 구조적 특성과 전자기적 상호작용으로 인해 고유한 불안정성을 내포하고 있음을 확인하였다. PMSM 기반 SIDM 구동 시스템에서는 운전 조건에 따라 회전자 위치와 속도에 큰 진동이 발생할 수 있으며, 이러한 진동이 누적될 경우 두 전동기 간의 동기 상태가 유지되지 못하고 결국 시스템이 탈조에 이르게 된다. 이는 PMSM 기반 SIDM 시스템의 안정적인 운전에 있어 가장 중요한 제약 요소로 작용하며, 따라서 효과적인 속도 동기화 제어 기법의 개발이 필수적임을 알 수 있다.

본 장에서는 이러한 필요성을 바탕으로, PMSM 기반 SIDM 구동 시스템의 안정성을 확보하고 동기화 성능을 향상시키기 위한 속도 동기화 제어 기법을 기술한다. 특히, 기존 능동 댐핑 제어 기법이 가지고 있는 한계를 보완하고, 다양한 운전 조건에서도 안정적인 제어가 가능하도록 하는 접근 방안을 설명한다.

6장의 속도 동기화 제어 기법은 기본적으로 능동 댐핑 제어 기법을 확장한 구조를 갖는다. 능동 댐핑 제어는 회전자 위치 및 속도 차이로부터 유도되는 진동 성분을 댐핑 전류를 통해 억제하는 방식으로, PMSM 기반 SIDM 구동 시스템의 안정성을 개선하는 데 효과적인 방법이다. 그러나 기존 연구에서 제시된 방식은 특정한 운전 조건, 특히 저속 영역 또는 동부하 조건과 같이 시스템 불안정성이 크게 나타나는 구간에서 충분한 성능을 확보하지 못하는 한계가 존재하였다. 기술된 속도 동기화 제어 기법은 이러한 한계를 극복하기 위해, 기존 댐핑 구조에 추가적인 제어기를 병렬적으로 도입하여 보다 적극적으로 진동 억제를 수행한다.

이 추가 제어기는 두 전동기 간의 회전자 위치 차이 및 속도 차이를 제어하여, 시스템이 특정 속도 영역에서 불안정성에 진입하는 것을 억제한다. 이를 통해 시스템의 불안정성에 의해 발생하는 토크 진동이나 속도 리플을 저감할 수 있으며, 결과적으로 전동기 동기화 상태를 유지하여 탈조를 방지하는 효과를 얻을 수 있다.

또한 본 연구에서는 속도 동기화 제어기의 안정성을 수학적으로 분석하였다. 상태방정식 기반의 소신호 해석을 통해 제어기의 안정성을 검증하고, 기법의 유효성을 이론적인 분석을 통하여 설명한다. 따라서 기술하는 기법은 부하 토크 차이나 속도 조건이 변화하더라도 안정적인 제어 성능을 유지할 수 있으며, 결과적으로 PMSM 기반 SIDM 구동 시스템의 신뢰성을 크게 향상시킨다.

마지막으로, 속도 동기화 제어 기법의 유효성은 시뮬레이션 및 실제 하드웨어 실험을 통해 검증된다. 시뮬레이션 단계에서는 다양한 부하 조건과 속도 변화에 따른 응답 특성을 분석하여 제안 기법이 기존 방식에 비해 향상된 안정성을 제공함을 확인한다. 이어서, 실험 세트를 활용하여 실제 운전 환경에서의 적용 가능성을 평가하였다. 이를 통해, 기존 기법이 가지던 저속 영역 불안정성 문제를 효과적으로 완화할 수 있음을 검증하였다.

종합적으로, 본 장에서 다루는 속도 동기화 제어 기법은 PMSM 기반 SIDM 구동 시스템의 구조적 제약과 불안정성을 극복하기 위한 제어 전략을 제시한다. 이는 시스템의 안정성 확보뿐만 아니라, 다양한 운전 조건에서도 신뢰성 있는 성능을 보장한다.

6.1 기존 방식의 제한사항

PMSM 기반 SIDM 구동 시스템에 적용되는 대표적인 안정화 기법은 능동 댐핑 제어이며, 이는 마스터 전동기의 d축 전류를 이용하여 슬레이브 전동기의 댐핑 토크를 생성하고 이를 통해 두 전동기의 속도를 동기화하는 방식으로 동작한다. 구체적으로, 마스터 전동기에서 발생하는 d축 전류는 슬레이브 전동기의 q축 전류와 토크를 제어하는 신호로 변환되며, 이 과정은 두 전동기 간의 전류 관계를 나타내는 변환 함수를 통해 수행된다.

슬레이브 전동기의 전압방정식 식 (4.3)과 두 전동기 간 고정자 전압 관계식 식 (4.8)을 결합하면, 슬레이브 전동기의 전압 방정식은 식 (6.1)과 같이 정리할 수 있다.

$$\begin{bmatrix} \cos\theta_d & \sin\theta_d \\ -\sin\theta_d & \cos\theta_d \end{bmatrix} \begin{bmatrix} v_{d1} \\ v_{q1} \end{bmatrix} = \begin{bmatrix} R_s & \omega_{r2}L_s \\ -\omega_{r2}L_s & R_s \end{bmatrix} \begin{bmatrix} i_{d1} \\ i_{q1} \end{bmatrix} + \omega_{r2}\phi_r \begin{bmatrix} 0 \\ 1 \end{bmatrix} \tag{6.1}$$

이를 마스터 전동기의 전압 방정식 식 (4.2)와 결합하고 정상 상태를 가정하면 두 전동기 간 관계식은 식 (6.2)로 표현된다.

$$\begin{aligned} &\begin{bmatrix} \cos\theta_d & \sin\theta_d \\ -\sin\theta_d & \cos\theta_d \end{bmatrix} \left(\begin{bmatrix} R_s & -\omega_r L_s \\ -\omega_r L_s & R_s \end{bmatrix} \begin{bmatrix} i_{d1} \\ i_{q1} \end{bmatrix} + \begin{bmatrix} 0 \\ \omega_r \phi_r \end{bmatrix} \right) \\ &= \begin{bmatrix} R_s & -\omega_r L_s \\ -\omega_r L_s & R_s \end{bmatrix} \begin{bmatrix} i_{d2} \\ i_{q2} \end{bmatrix} + \omega_r \phi_r \begin{bmatrix} 0 \\ 1 \end{bmatrix} \end{aligned} \tag{6.2}$$

최종적으로, 식 (6.2)를 마스터 전동기의 d축 전류 i_{d1}에 대해 정리하면 식 (6.3)과 같이 정리된다.

$$i_{d1} = \frac{(L_s\omega_r\cos\theta_d - R_s\sin\theta_d)i_{q1} - \phi_r\omega_r\sin\theta_d}{R_s\cos\theta_d + L_s\omega_r\sin\theta_d} + \frac{R_s i_{d2} - L_s\omega_r i_{q2}}{R_s\cos\theta_d + L_s\omega_r\sin\theta_d} \tag{6.3}$$

식 (6.3)의 관계는 마스터 전동기의 d축 전류가 슬레이브 전동기의 출력 토크를 결정짓는 주요 요소로 작용함을 보여준다. 다시 말해, 슬레이브 전동기의 토크 생성 능력은 본질적으로 마스터 전동기의 d축 전류에 종속된 관계를 가진다.

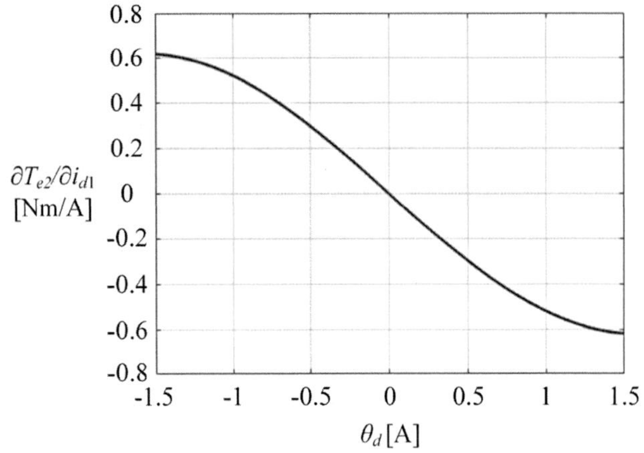

그림 6.1 θ_d에 따른 i_{d1}과 T_{e2}의 변화율

이 관계를 기반으로 회전자 위치 차이에 따른 i_{d1}과 슬레이브 전동기 토크 T_{e2}의 변화를 도시하면 [그림 6.1]과 같은 결과를 얻을 수 있다. 그림에서 확인할 수 있듯이, 회전자 위치 차이에 따른 i_{d1}과 T_{e2}의 관계는 음의 사인 함수 형태로 나타나며, 이때의 변화율은 역수 형태의 특성을 가진다. 결국 변환함수는 코시컨트(Cosecant) 함수 형태를 가지게 되고, 이로 인해 회전자 위치 차이가 0인 지점에서는 함수가 정의되지 않는 특이점(Singularity point)이 발생한다. 이 특이점에서 댐핑 토크를 생성하기 위해 요구되는 마스터 전동기의 d축 전류는 이론적으로 무한대가 되며, 따라서 실제 시스템에서는 안정적인 댐핑 전류를 생성할 수 없게 된다. 이는 곧 시스템의 안정적인 동작을 제한하는 근본적인 요인으로 작용한다.

회전자 위치 차이는 두 전동기의 부하 토크에 의해 정의되므로, 특이점은 두 전동기의 부하 토크가 동일한 동부하 조건에서 발생한다. 다시 말해, PMSM 기반 SIDM 시스템이 동부하 조건으로 운전되는 경우, 시스템은 필연적으로 특이점 근처의 영역에 진입하게 되고, 이때 안정적인 댐핑 전류 생성이 불가능해지면서 제어 성능 저하와 불안정성이 발생한다. 따라서 동부하 조건에서의 안정적인 운전을 보장하기 위해서는 특이점 근처에서의 변환함수를 어떻게 정의할 것인가가 중요한 문제가 된다.

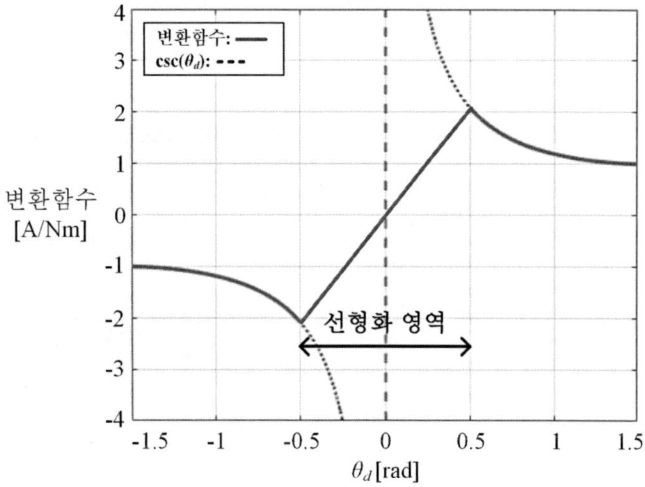

그림 6.2 기존 기법에서 사용된 변환함수의 예시

기존의 능동 댐핑 제어 연구에서는 이러한 특이점을 회피하기 위해 변환함수를 선형화하는 방식을 채택하였다. [그림 6.2]는 기존 기법에서 사용된 변환함수의 예를 나타낸다. 여기서는 특이점 근처의 일정 영역을 선형화하여 함수 값이 0을 지나도록 정의함으로써, 특이점에서 함수가 무한대로 발산하는 문제를 억제하였다. 이러한 선형화 방식은 특이점 근처에서 댐핑 전류가 과도하게 크게 발생하는 것을 방지할 수 있다는 장점을 가진다. 즉, 제어기 출력이 급격하게 증가하여 인버터와 전동기에 과부하가 걸리는 것을 방지할 수 있다.

그러나 이러한 접근은 또 다른 문제를 야기한다. 변환함수가 0을 지나도록 정의되면, 특이점 근처의 조건에서 생성되는 댐핑 전류의 크기가 지나치게 작아진다. 이는 시스템이 가장 불안정한 조건인 저속 영역, 특히 공진 주파수 대역에서 충분한 댐핑 토크를 제공하지 못하는 원인이 된다. 결과적으로 슬레이브 전동기에는 큰 진동이 발생하며, 회전자 위치 차이와 속도 차이와 같은 제어 변수들도 크게 요동치게 된다.

특히 PMSM 기반 SIDM 구동 시스템은 기본적으로 저속 영역에서 불안정성이 크게 나타나며, 이 중에서도 공진 대역은 불안정성이 극대화되는 구간이다. 만약 이 구간에서 시스템이 동부하 조건에 놓이게 된다면, 불안정성은 최대 수준으로 증가하고 슬레이브 전동기에는 심각한 진동이 발생한다. 이때 선형화된 변환함수가 적용될 경우, 충분한 댐핑 전류를 생성하지 못하여 진동이 발산하고, 결국 두 전동기의 속도 동기화가 붕괴되면서 탈조에 이르게 된다.

결국, 기존 능동 댐핑 제어 방식은 특이점 문제를 선형화로 해결하였다. 이는 고속 영역과 같이 불안정성이 낮은 조건에서는 안정적으로 시스템의 운전이 가능하나, 불안정성이 극대화되는 저속·공진 영역에서는 불안정성이 충분히 저감되지 못하여 동기화 성능 저하를 유발할 수 있다. 따라서 기존 방식은 PMSM 기반 SIDM 시스템의 전 운전 영역에서 안정성을 보장하기에는 한계가 존재하며, 특히 공진 주파수 대역에서의 동부하 조건과 같은 극단적인 상황에서는 불안정성에 의한 탈조가 발생할 수 있다.

6.2 속도 동기화 제어 기법

앞서 제시한 분석 결과를 통해 확인된 바와 같이, PMSM 기반 SIDM 구동 시스템은 구조적 제약으로 인해 특정 운전 조건에서 고유한 불안정성을 보인다. 특히 동부하 조건 및 저속 영역에서의 공진 주파수 대역에서는 회전자 위치 차이와 속도 차이가 크게 진동하며, 이로 인해 시스템이 동기 상태를 유지하지 못하고 탈조로 이어질 수 있다. 따라서 안정적인 운전을 보장하기 위해서는 두 전동기 간의 속도 차이를 효과적으로 억제하는 새로운 제어 기법이 요구된다.

본 장에서 제안하는 속도 동기화 제어 기법은 이러한 요구를 충족하기 위하여 고안된 방법으로, 기존의 능동 댐핑 제어를 기반으로 하되 구조와 변환함수를 개선함으로써 저속·동부하 조건에서도 안정적인 속도 동기화를 유지할 수 있도록 설계되었다. 구체적으로, 마스터 전동기는 기존의 PI 기반 속도 및 전류 제어기를 통해 운전되며, 슬레이브 전동기는 별도로 설계된 PI 구조의 속도 동기화 제어기를 통해 마스터 전동기의 속도와 동기화된다. 특히 제어기의 출력은 수정된 변환함수를 거쳐 댐핑 전류로 변환된 뒤 마스터 전동기의 d축 전류에 포함되어 적용된다. 이를 통해 슬레이브 전동기의 속도 차이가 보상되며, 결과적으로 전체 시스템이 안정적으로 운전될 수 있다.

1 제어기의 구조

PMSM 기반 SIDM 구동 시스템의 속도 동기화 제어 구조는 기존 능동 댐핑 제어의 기본 개념을 확장하여 설계되었다. 두 개의 전동기가 단일 인버터에 병렬로 연결되어 구동되는 구조에서, 하나의 전동기를 마스터로 지정하여 전체 시스템을 주도적으로 제어하고, 다른 전동기를 슬레이브로 설정하여 마스터 전동기의 속도에 동기화시키는 방식이다. 본 연구에서는 PMSM 1을 마스터 전동기, PMSM 2를 슬레이브 전동기로 설정하였다.

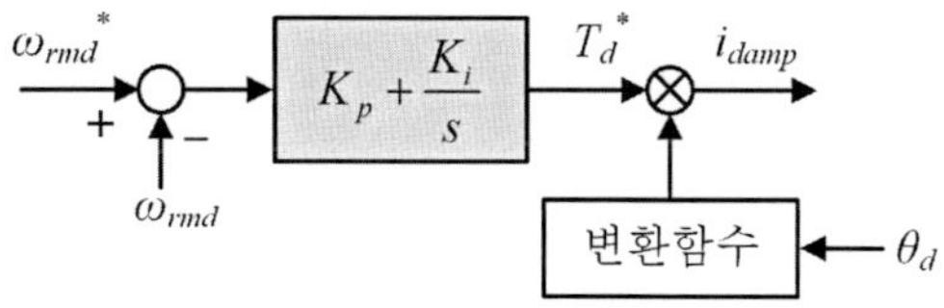

그림 6.3 속도 동기화 제어기의 구조

[그림 6.3]에 제시된 블록 다이어그램은 제안된 속도 동기화 제어기의 구조를 나타낸다. 마스터 전동기는 기존의 PI 기반 속도 제어기와 전류 제어기를 통해 구동되며, 외부에서 인가된 지령 속도를 추종하도록 제어된다. 반면, 슬레이브 전동기는 마스터 전동기와의 속도 차이를 입력으로 받아 PI 기반 속도 동기화 제어기를 통해 보조적으로 제어된다.

마스터 전동기와 슬레이브 전동기의 지령 속도 차이 $\omega_{rmd}*$는 0으로 설정되며, 이는 속도 동기화 제어기의 입력 신호로 사용된다. 제어기를 통과한 출력은 지령 댐핑 토크 T_d로 변환되고, 이는 다시 변환함수를 통해 댐핑 전류 i_{damp}로 변환된다. 생성된 댐핑 전류는 마스터 전동기의 d축 지령 전류에 더해져 실제 인버터에 인가되며, 결과적으로 마스터 전동기의 d축 전류를 통해 슬레이브 전동기의 속도 차이가 제어된다.

즉, 제안된 제어기는 두 전동기 간의 속도 차이에서 기인하는 불안정성을 댐핑 전류를 통해 억제하는 구조로, 기존 방식과 유사한 기본 틀을 유지하면서도 변환함수 설계를 개선함으로써 보다 안정적인 동기화 성능을 확보할 수 있도록 설계되었다.

2 변환함수의 설계

속도 동기화 제어기의 핵심 요소 중 하나는 변환함수의 정의 방식이다. 기존 능동 댐핑 제어에서는 θ_d가 0에 수렴할 때 특이점이 발생하는 문제를 해결하기 위해 선형화기를 포함한 변환함수를 적용하였다. 즉, θ_d가 0에 근접하는 구간에서 함수의 값을 0을 지나도록 직선으로 정의하여, 특이점에서 발생하는 무한대 이득을 억제하고 댐핑 전류가 급격히 변하는 현상을 방지하였다.

그러나 이러한 방식은 중요한 한계를 지닌다. 변환함수가 $\theta_d = 0$ 근처에서 0에 수렴함에 따라, 동일 부하 조건에서 생성되는 댐핑 전류가 충분히 확보되지 못하게 된다. 이는 특히 저속 영역, 그중에서도 공진 주파수 대역에서 시스템의 불안정성을 더욱 심화시키는 요인이 된다. 결국 슬레이브 전동기의 회전자 위치와 속도에서 급격한 진동이 발생하며, 제어 성능 저하와 동기 손실로 이어질 수 있다.

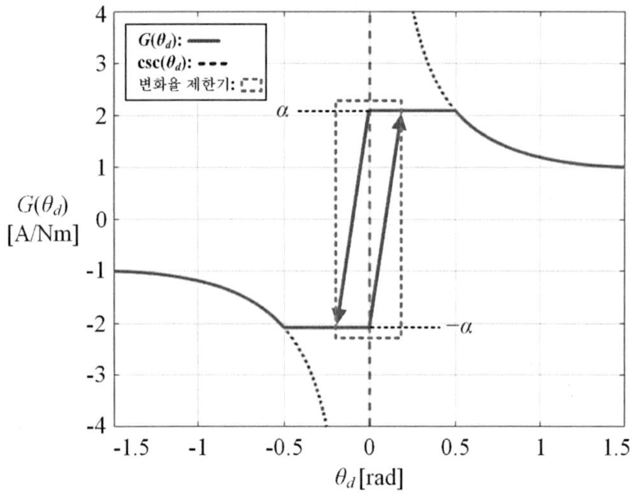

그림 6.4 수정형 변환함수

이러한 문제를 극복하기 위해 본 연구에서는 수정형 변환함수 $G(\theta_d)$를 제안하였다. [그림 6.4]에 제시된 $G(\theta_d)$는 코시컨트 함수를 기반으로 하되, 출력 전류의 크기를 제한하기 위해 상·하한 값을 도입하였다. 즉, 변환함수의 크기가 미리 정의된 최대값 α와 최소값 $-\alpha$를 초과하지 않도록 설정함으로써, 과도한 전류 생성과 전류 미생성 문제를 동시에 해결하였다.

또한, θ_d가 0에 도달하는 순간 발생할 수 있는 급격한 함수 값 변화를 완화하기 위해 변화율 제한기를 도입하였다. 이 변화율 제한기는 단일 제어 주기 동안 함수값의 변화량을 제한하여, 댐핑 전류가 불연속적으로 변하지 않고 연속적으로 변화할 수 있도록 한다. 이를 통해 기존 변환함수의 단점이었던 댐핑 전류 생성 불가 문제를 효과적으로 보완하였다.

변환함수의 설계 과정에서는 α와 변화율 제한기의 제한값 $\Delta G(\theta_d)$를 초기 기준값으로 설정한 후 실험적으로 조정하여 최적값을 도출하였다. 초기 기준값은 다음과 같은 원칙에 따라 정의된다. α는 전동기의 정격 전류와 정격 토크의 비율을 기반으로 설정되며, $\Delta G(\theta_d)$는 기계적 시정수 τ_m과 계수 k_m 으로 정의되는 반응 시간 조건을 고려하여 식 (6.4)-(6.6)과 같이 설정된다. 이와 같은 설계를 통해 시스템의 물리적 응답 특성을 고려하여 변환함수를 구현할 수 있다.

$$\alpha = \frac{i_{rated}}{T_{rated}} \approx \frac{1}{K_t} \tag{6.4}$$

$$\Delta G(\theta_d) = \frac{2\alpha}{k_m \tau_m} \tag{6.5}$$

$$\tau_m = \frac{J}{B} \tag{6.6}$$

여기서 i_{rated}와 T_{rated}는 각각 전동기의 정격 전류와 정격 토크를 의미한다. τ_m은 기계적 시정수를 의미하며, 기계적 시스템이 반응하는 충분한 시간을 설정하기 위하여 k_m은 3이상의 값으로 설정된다.

3 안정도 분석

제안된 속도 동기화 제어 기법의 안정성은 기계적 모델링과 전달함수 분석을 통해 검증되었다. [그림 6.5]는 기존의 PMSM 기반 SIDM 구동 시스템의 기계적 모델 식 (4.11)을 기반으로, 추가된 제어기의 출력 T_d가 포함된 구조를 나타낸다. 이때 제어기의 출력은 시스템 내에서 불안정성을 유발하는 항 T_c를 상쇄하는 역할을 수행한다.

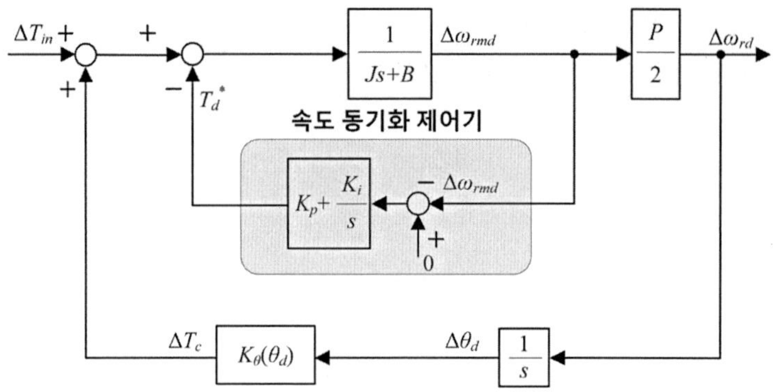

그림 6.5 제안하는 기법이 적용된 PMSM 기반 SIDM 구동 시스템의 기계적 모델

이 모델을 바탕으로 도출된 전달함수는 식 (6.7)과 같이 표현되며, 이를 통해 제안된 제어 기법이 적용된 시스템의 안정 조건을 도출할 수 있다.

$$\frac{\Delta \omega_{rmd}}{\Delta T_{in}} = \frac{s}{Js^2 + (B - K_p)s - \left(\frac{P}{2}K_\theta(\theta_d) + K_i\right)} \tag{6.7}$$

식 (4.13)의 전달함수와 식 (4.15) 시스템이 안정한 조건에서, 추가적인 제어기법이 없는 시스템의 극점이 복소평면의 좌반면에 위치하기 위한 조건은 다음과 같이 나타난다.

$$K_\theta(\theta_d) < 0 \tag{6.8}$$

이는 식 (5.1)의 능동 댐핑 제어가 적용된 시스템에서의 시스템이 안정하기 위한 조건과 동일하다. $K_\theta(\theta_d)$는 시스템의 특성에 따라 결정되는 값이기 때문에, 기존 시스템에서의 안정 조건은 제어 이득의 조정으로 만족할 수 없는 구조적 한계를 가진다. 특히 저속 동부하 조건에서는 극점이 복소평면의 우반면으로 이동하여 불안정성이 심화된다. 이에 따라 슬레이브 전동기에서 발생하는 진동이 심화되며 적절한 제어 기법이 적용되지 않는 경우 슬레이브 전동기의 탈조가 발생할 수 있다.

반면 제안된 기법에서는 전달함수의 특성이 제어 이득을 통해 조정 가능하며, Routh-Hurwitz 안정도 기준을 적용하면 시스템의 안정성을 확보하기 위한 제어기 이득 범위가 식 (6.9)-(6.10)과 같이 도출된다. 이를 통해 시스템이 안정하기 위한 제어 이득의 초기 범위를 도출할 수 있다.

$$B - K_p > 0 \tag{6.9}$$

$$\frac{P}{2} K_\theta(\theta_d) + K_i < 0 \tag{6.10}$$

식 (6.9)와 (6.10)은 단순한 안정 조건을 넘어, 제어기 이득의 설계 지침을 제공한다는 점에서 의미를 가진다. 다시 말해, 제안된 기법은 기존 조건인식 (6.8)에서 제어기의 이득 조정으로는 달성 불가능했던 안정성 확보를 가능하게 하며, 이를 통해 동부하 저속 영역과 같은 극도로 불안정한 조건에서도 시스템을 안정적으로 유지할 수 있도록 한다.

[그림 6.6]은 제안된 기법의 적용 여부에 따른 시스템의 근궤적을 나타낸다. [그림 6.6(a)]는 제어기가 적용되지 않은 경우로, 극점이 복소평면의 우반면에 위치하면서 T_c에 의해 불안정성이 증가하는 양상을 보여준다. 이 경우 슬레이브 전동기의 회전자 위치와 속도에서 심각한 진동이 발생하며, 탈조로 이어지는 불안정성이 관찰된다. 반면, [그림 6.6(b)]에서는 제안된 제어기가 적용되었을 때, 극점이 좌반면으로 이동하여 안정성을 확보하는 것을 확인할 수 있다. 이는 식 (6.7)과 Routh-Hurwitz 조건을 만족시키는 제어기 이득이 적용되었을 때 나타나는 결과로, 제안 기법의 효과를 수학적, 시각적으로 입증한다.

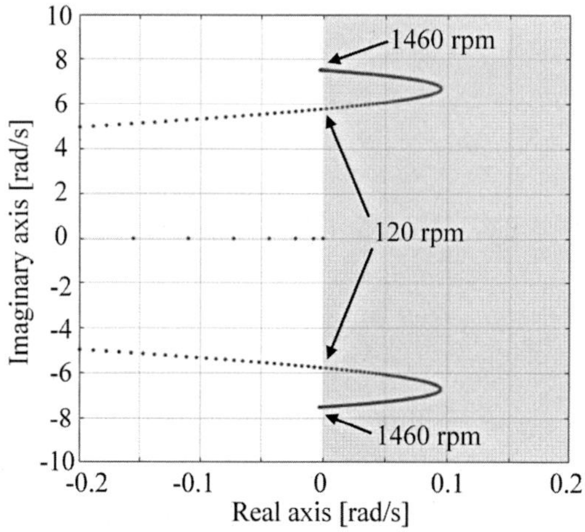

(a) 속도 동기화 제어가 적용되지 않은 경우

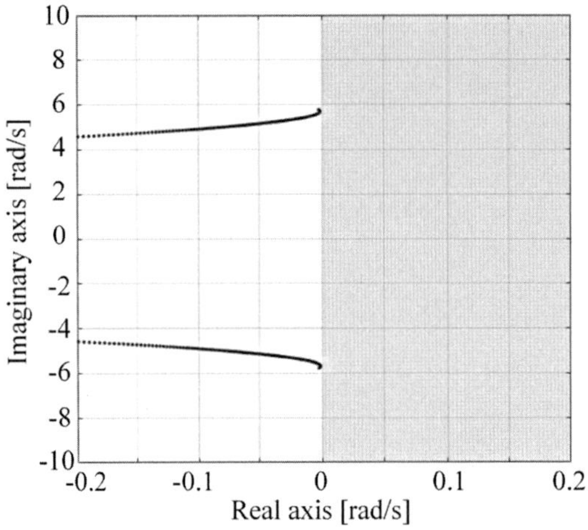

(b) 속도 동기화 제어가 적용된 경우

그림 6.6 속도 동기화 제어의 적용 여부에 따른 PMSM 기반 SIDM 구동 시스템의 근궤적

또한, [그림 6.7]은 제안된 기법이 적용되었을 때와 적용되지 않았을 때의 전달함수에 대한 보드선도(Bode plot)를 나타낸다. 제4장에서 분석된 바와 같이, 해당 시스템의 공진 주파수 영역은 약 730 rpm의 속도 영역과 대응된다. 특히 500 rpm에서 900 rpm 사이 구간은 공진의 영향이 극대화되는 영역으로, 이 영역에서 시스템의 불안정성이 급격히 증가한다. 동일 부하 조건에서는 이러한 공진 현상이 더욱 심화되어, 슬레이브 전동기의 속도 및 토크 응답이 크게 왜곡될 수 있다. 그러나 제안된 제어 기법이 적용된 경우, 공진 주파수 대역에서 시스템 이득이 크게 감소하여, 불안정성의 주요 원인이 되는 진동 성분이 효과적으로 억제됨을 확인할 수 있다.

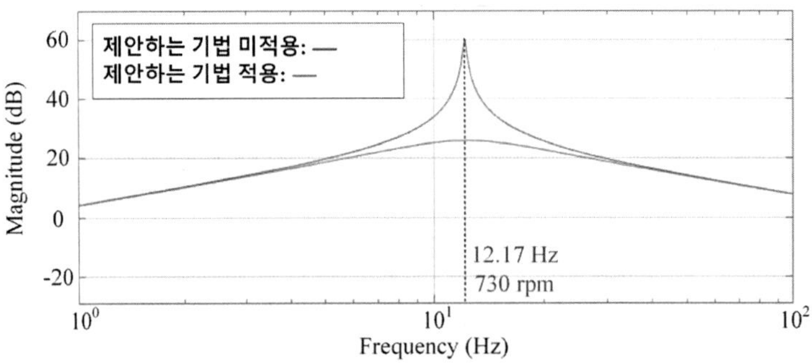

그림 6.7 제안하는 기법의 적용 유무에 따른 전달 함수의 보드 선도

마지막으로, [그림 6.8]은 제안된 속도 동기화 제어 기법이 적용된 전체 제어 블록 다이어그램을 제시한다. 마스터 전동기 제어기는 PI 기반의 속도 제어기와 전류 제어기로 구성된 전형적인 구조를 따르며, 제안된 제어기는 θ_d와 ω_{rmd}에서 발생하는 진동 성분을 감쇠시키기 위해 댐핑 전류 i_{damp}를 생성하여 마스터 전동기의 d축 전류에 추가한다. 여기서 중요한 점은 제어기 이득의 역할이다. 제안된 구조에서는 비례 이득 K_p에 더해, 적분 이득 K_i가 포함되어 있어, 시스템 불안정성이 심화되는 조건에서 추가적인 안정성을 제공한다. 이는 기존의 능동 댐핑 제어 구조에서는 확보하기 어려운 특성이며, 저속 동부하 조건과 같이 불안정성이 최대가 되는 조건에서도 안정성을 유지할 수 있게 한다.

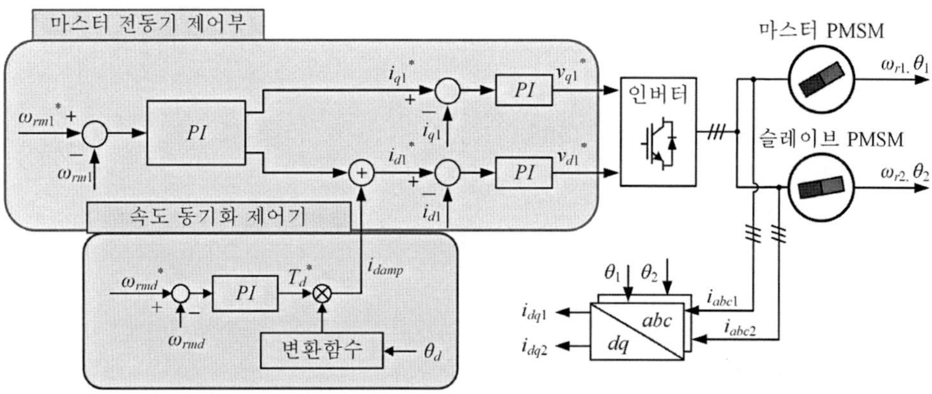

그림 6.8 제안된 속도 동기화 제어 기법이 적용된 전체 제어 블록도

결론적으로, 제안된 속도 동기화 제어 기법은 안정도 조건을 기반으로 설계되어, 기존 방식에서 한계로 작용했던 저속 영역의 불안정성을 억제한다. 특히, Routh-Hurwitz 조건을 통해 도출된 제어기 이득의 설계 범위는 실질적인 이득 설계의 범위를 제공하며, 다양한 운전 조건에서 안정적인 동기화 운전을 달성할 수 있도록 한다. 이를 통해, PMSM 기반 SIDM 구동 시스템의 신뢰성과 실용성을 동시에 향상시킬 수 있음을 확인하였다.

6.3 실험결과

제안된 PMSM 기반 SIDM 구동 시스템의 속도 동기화 제어 기법은 실제 시스템에서 확인하기 위해 다양한 실험을 수행하였다. 실험은 앞서 제시된 5장의 실험 환경과 동일한 조건에서 이루어졌으며, [그림 5.7]에 제시된 3상 2레벨 인버터 기반의 PMSM 구동 장치가 사용되었다. 실험에 사용된 두 PMSM의 파라미터는 [표 4.1]의 파라미터와 동일하며, 제안된 기법이 실제 환경에서도 안정적인 속도 동기화 성능을 확보할 수 있는지를 평가하였다.

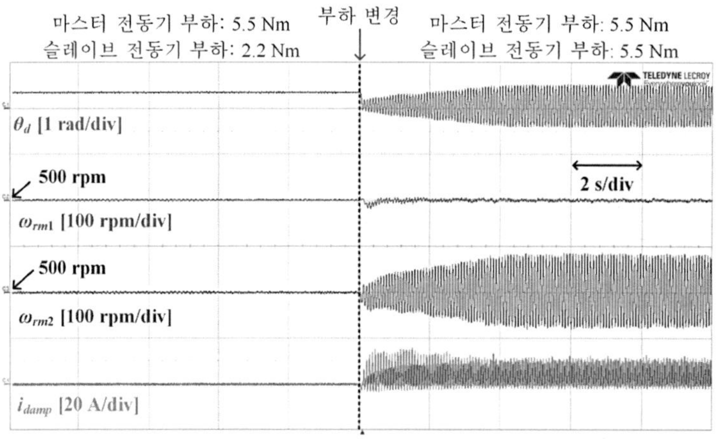

(a) 기존 제어 기법

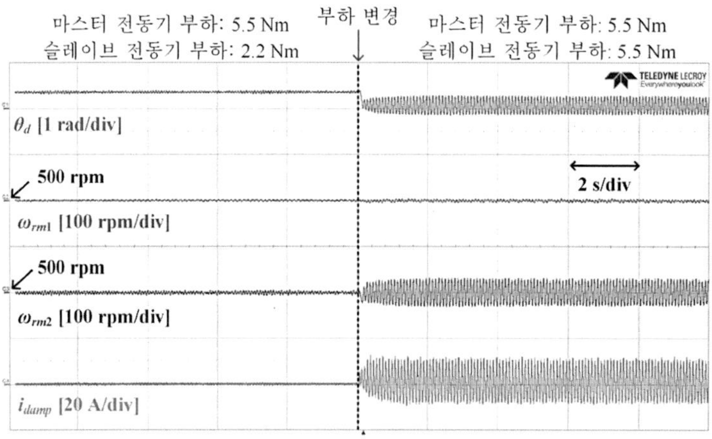

(b) 속도 동기화 제어 기법

그림 6.9 저속 영역에서 부하 변경 실험 결과

[그림 6.9]는 500 rpm의 저속 영역에서 기존 능동 댐핑 제어와 속도 동기화 제어를 적용한 부하 변화 실험 결과를 나타낸다. 이 실험은 슬레이브 전동기의 부하 토크를 변화시켜 두 전동기 간의 부하 차이가 존재하는 조건에서 동일 부하 조건으로 전환될 때의 시스템 응답을 관찰하기 위해 수행되었다. 실험에서 마스터 전동기의 부하 토크는 5.5 Nm로 고정되었으며, 슬레이브 전동기의 부하 토크는 2.2 Nm에서 5.5 Nm로 변화하였다. 이는 두 전동기가 상이한 부하를 가지다가 동일 부하 조건으로 변화하는 상황을 구현한 것이다.

먼저 [그림 6.9(a)]는 기존 능동 댐핑 제어 방식을 적용한 결과를 나타낸다. 기존 방식에서는 5장에서 제안된 이득 함수가 사용되었으며, 초기 상태와 같이 부하 차이가 존재할 때는 비교적 안정적인 속도 동기화가 이루어졌다. 이 조건에서는 작은 크기의 댐핑 전류 i_{damp}만으로도 충분한 댐핑 토크 T_d가 생성되어, 슬레이브 전동기의 진동이 억제되고 두 전동기의 동기 상태가 유지되었다. 그러나 슬레이브 전동기의 부하가 증가하여 두 전동기 간 부하가 동일해지자, 회전자 위치 차이가 0에 수렴하였다. 이때 [그림 6.1]에서 확인된 것처럼, 마스터 전동기의 d축 전류와 슬레이브 전동기의 출력 토크 변화율이 동시에 0으로 수렴하면서, 댐핑 토크를 생성하기 위한 이득이 급격히 낮아진다. 결과적으로, 동일한 안정화 효과를 유지하기 위해 필요한 댐핑 전류는 크게 증가하였으나, 기존 변환함수의 특성상 충분한 크기의 전류를 제공하지 못하였다. 이로 인해 시스템의 불안정성이 점차 증가하며, 특히 시스템 속도가 공진 대역에 근접할수록 슬레이브 전동기에서 큰 진동이 발생하는 현상이 관찰되었다.

[그림 6.9(b)]는 제안된 속도 동기화 제어 기법을 적용한 경우의 응답을 나타낸다. 제안된 제어기는 기존 능동 댐핑 제어 구조를 기반으로 하되, 적분 제어 항을 추가하고 [그림 6.4]에서 제시한 수정된 변환함수를 적용하였다. 이를 통해 저속 영역의 동부하 조건에서 나타나는 높은 불안정성을 저감할 수 있었으며, 그 결과 슬레이브 전동기의 속도와 회전자 위치 차이에서 발생하는 진동이 감소하였다. 실제 실험에서 슬레이브 전동기의 속도 리플은 기존 방식에서 약 162 rpm이었으나, 제안된 방식에서는 약 64 rpm으로 줄어 약 60.4%의 저감 효과가 확인되었다. 또한, 회전자 위치 차이의 리플도 0.94 rad에서 0.42 rad로 감소하여 약 55.3%의 개선을 달성하였다. 이러한 수치는 제안된 기법이 저속 영역의 동부하 조건에서 우수한 성능을 제공함을 나타낸다.

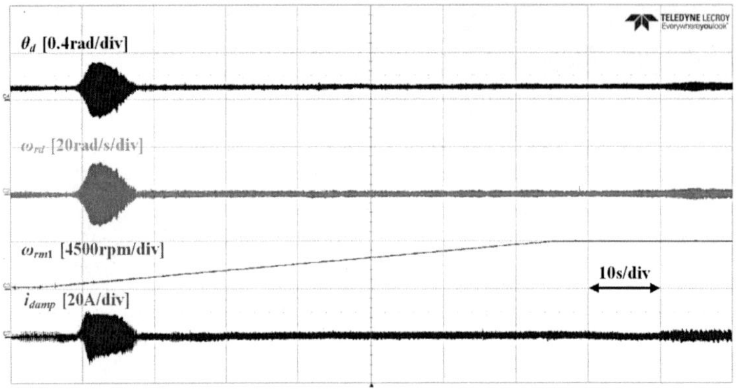

그림 6.10 속도 동기화 제어 기법의 가속 실험 결과

시스템의 전속도 영역에서의 안정성을 평가하기 위하여, 정지 상태에서 정격 속도인 4500 rpm까지 가속하는 실험을 수행하였다. [그림 6.10]은 이 과정에서 얻어진 실험 결과를 나타낸다. 마스터 및 슬레이브 전동기의 부하는 각각 2.2 Nm로 동일하게 설정하여 동부하 조건에서의 응답을 관찰하였다. 실험 결과, 약 700 rpm 근방에서 공진 현상이 발생하였으며, 이는 제4장에서 분석된 공진 주파수 영역과 일치하였다. 해당 영역에서 슬레이브 전동기의 진동이 크게 증가하였지만, 제안된 속도 동기화 제어기는 댐핑 전류 i_{damp}를 동적으로 증대시켜 공진에 의한 불안정성을 효과적으로 억제하였다. 공진 영역을 벗어난 이후에는 불안정성이 완화되면서 시스템이 안정적으로 회복되었고, 회전자 위치 차이와 속도 차이 역시 안정적인 상태를 유지하였다. 이는 제안된 제어 기법이 전속도 영역에서도 효과적으로 작동함을 보여준다.

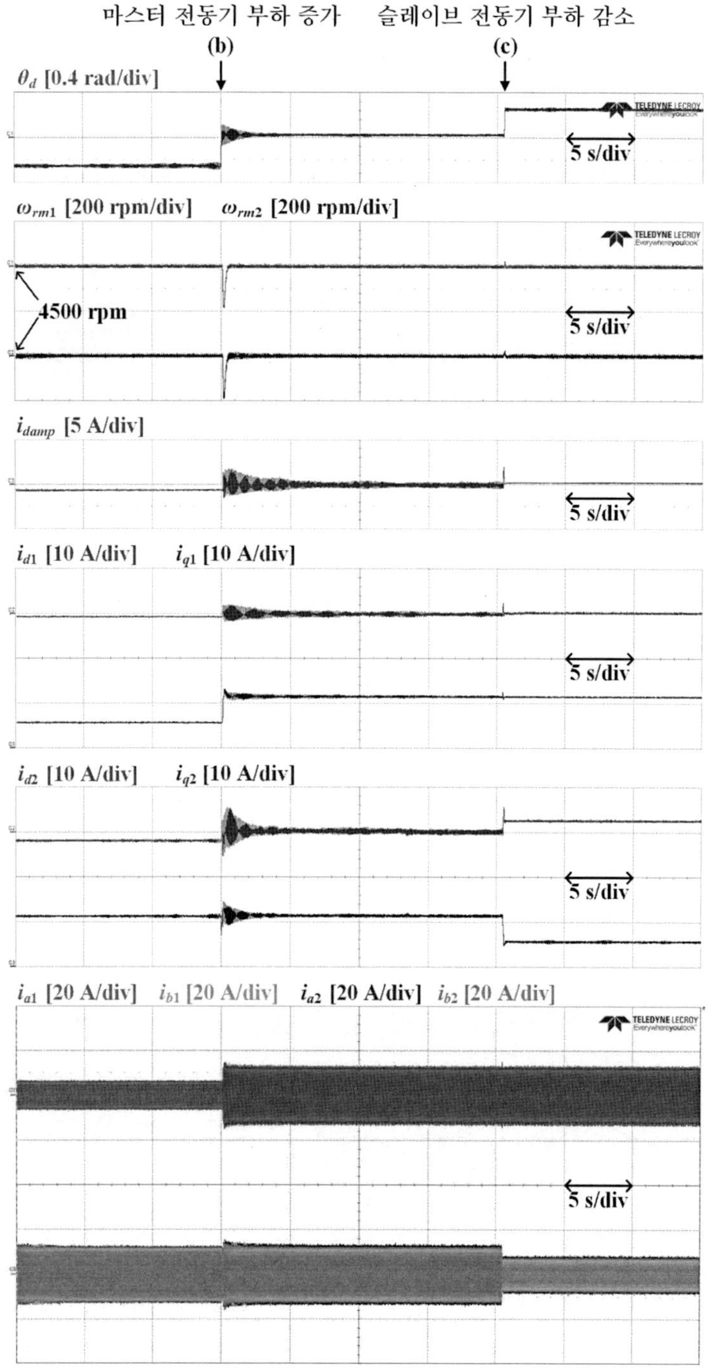

마스터 전동기 부하 증가
슬레이브 전동기 부하 감소
(b)
(c)
θd [0.4 rad/div]
5 s/div
ωrm1 [200 rpm/div] ωrm2 [200 rpm/div]
4500 rpm
5 s/div
idamp [5 A/div]
5 s/div
id1 [10 A/div] iq1 [10 A/div]
5 s/div
id2 [10 A/div] iq2 [10 A/div]
5 s/div
ia1 [20 A/div] ib1 [20 A/div] ia2 [20 A/div] ib2 [20 A/div]
5 s/div

(a) 전체 실험 시퀀스

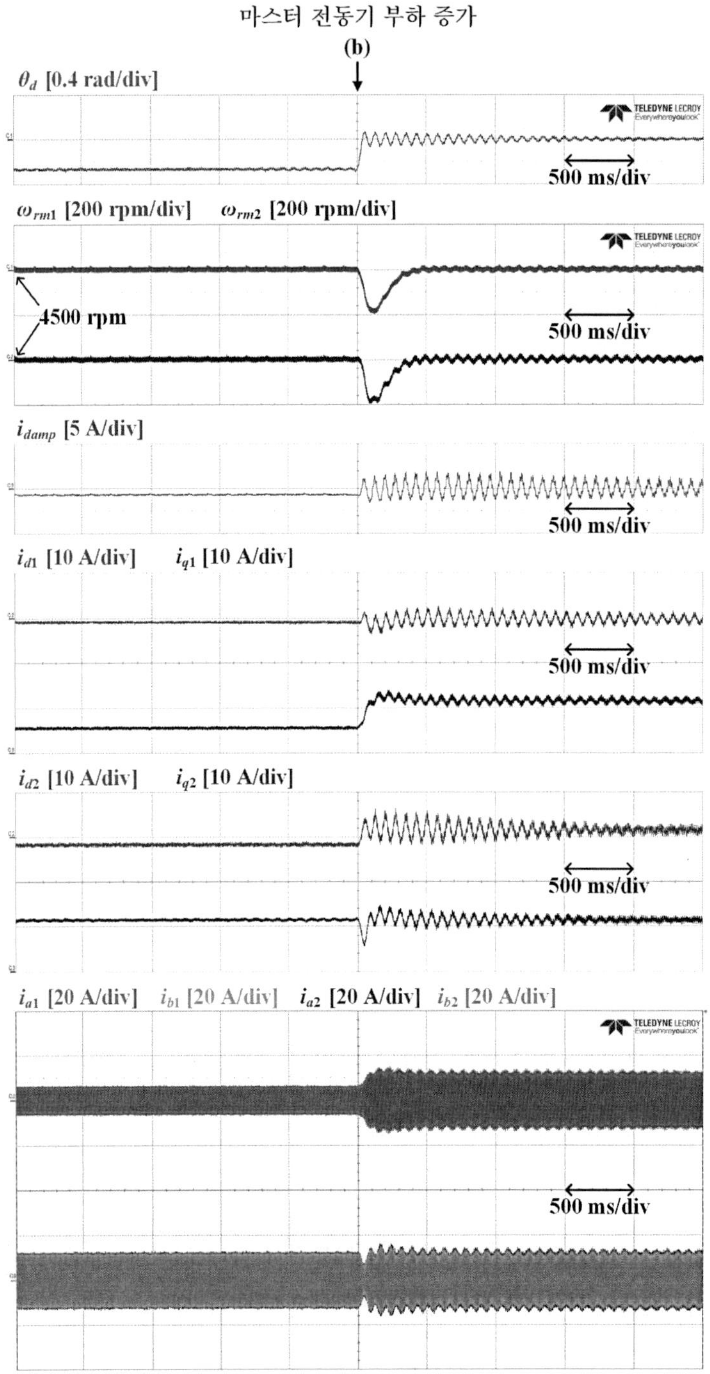

(b) 마스터 전동기의 부하 증가 시점

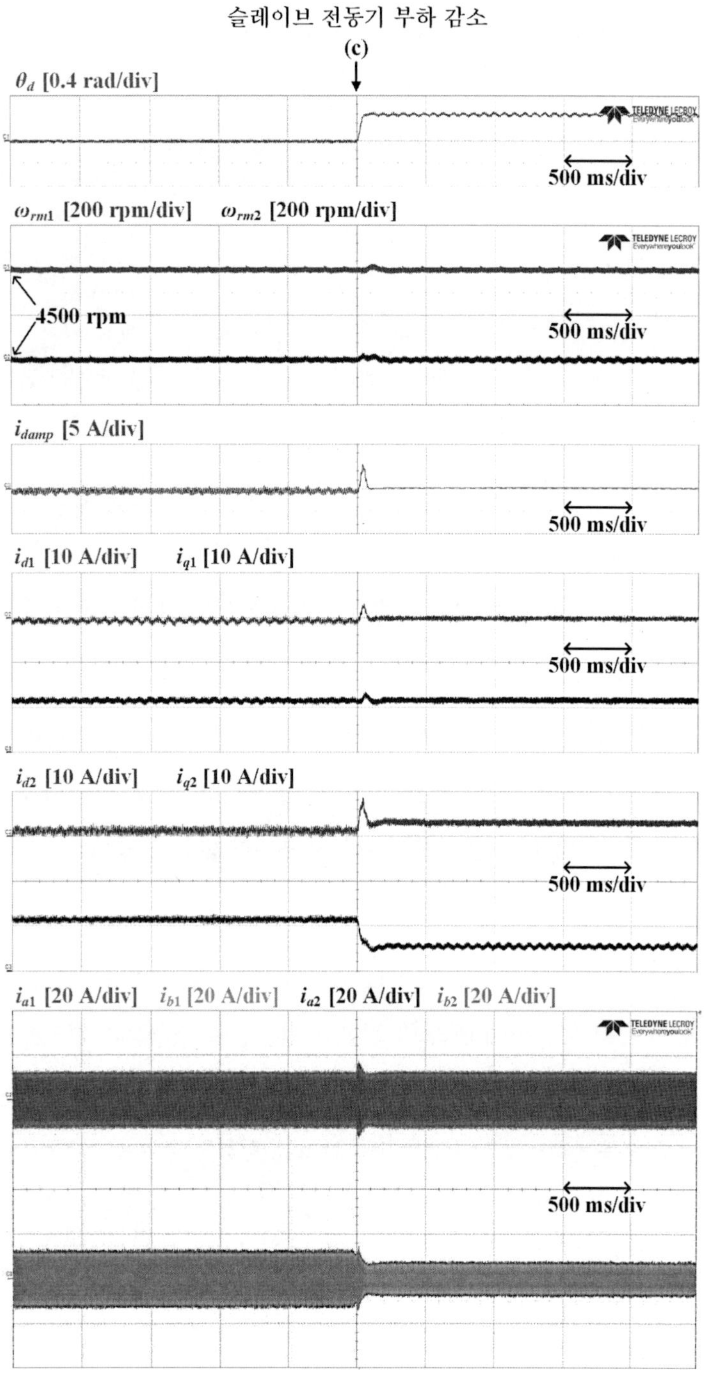

(c) 슬레이브 전동기의 부하 감소 시점

그림 6.11 정격 속도 조건에서 스텝 부하 변경을 수행한 실험 결과

[그림 6.11]은 정격 속도 4500 rpm 조건에서 스텝 부하 변동이 발생했을 때 시스템 응답을 나타낸 것이다. [그림 6.11(a)]는 전체 실험 시퀀스를 도시한 것으로, 초기 조건에서 마스터 전동기의 부하 토크는 2.2 Nm, 슬레이브 전동기의 부하 토크는 5.5 Nm로 설정되었다. 이때 두 전동기 사이에는 일정한 부하 차이가 존재하며, 속도 동기화 제어기의 동작에 따라 안정적인 동기 상태가 유지되었다. 시점 (b)에서는 마스터 전동기의 부하가 5.5 Nm로 증가하여 슬레이브 전동기와 동일 부하 조건이 형성되었다. 이 경우 회전자 위치 차이가 0에 수렴하면서, [그림 6.1]에서 분석된 바와 같이 기존 기법의 댐핑 전류 i_{damp}에 대한 전달함수의 이득이 급격히 감소하게된다. 일반적인 기존 제어 기법에서는 이 구간에서 필요한 충분한 크기의 댐핑 전류를 제공하지 못해 시스템의 불안정성이 증가하고, 슬레이브 전동기의 속도 진동이 발산하는 경향이 나타날 수 있다. 그러나 제안된 제어 기법은 수정된 변환함수와 적분 제어 항을 통해 i_{damp}의 값을 적절히 보상하였으며, 그 결과 동기 상태가 유지되었다. 이는 기존 기법 대비 저속 또는 동일 부하 조건에서 제안된 기법이 가지는 안정성 개선 효과를 나타낸다.

시점 (c)에서는 슬레이브 전동기의 부하가 다시 2.2 Nm로 감소하여 두 전동기 간의 부하 차이가 재형성되었다. 이때 회전자 위치 차이가 증가하면서 변환함수의 이득이 확보되었고, 제안된 기법의 응답은 안정적인 과도 특성을 나타냈다. 즉, 동일 부하 조건에서보다 오히려 동기화 유지가 용이해졌으며, 제안된 기법은 변화된 조건에 맞추어 신속히 댐핑 전류를 조절하여 슬레이브 전동기의 진동을 억제하였다.

[그림 6.11(b)]와 [그림 6.11(c)]의 확대 결과를 통해 확인할 수 있듯이, 제안된 제어 기법은 정격 속도 영역에서도 부하 변화에 따라 발생할 수 있는 불안정성을 효과적으로 억제하였다. 특히 기존 방식에서 관찰되는 슬레이브 전동기의 탈조 가능성을 제거하고, 회전자 위치 차이와 속도 차이에 포함된 진동 성분을 낮은 수준으로 유지하였다. 이는 제안된 속도 동기화 제어 기법이 다양한 부하 조건과 속도 영역에서 안정적인 동작을 보장할 수 있음을 실험적으로 검증한 결과라 할 수 있다.

이상의 결과를 종합하면, 제안된 속도 동기화 제어 기법은 기존 능동 댐핑 제어 기법에 비해 저속 및 공진 영역과 같은 불안정성이 심화되는 조건에서 현저히 우수한 성능을 보였다. 또한, 전속도 영역의 가속 과정과 정격 속도에서의 단계 부하 변화 실험을 통해, 제안된 기법이 다양한 운전 조건에서도 안정성을 확보할 수 있음을 입증하였다. 이는 제안된 속도 동기화 제어 기법이 PMSM 기반 SIDM 구동 시스템의 실질적인 운전에 적용 가능하며, 신뢰성을 높이는 효과적인 방법임을 보여주는 결과라 할 수 있다.

6.4 참고문헌

[1] Y. Kim and J. Ha, "Novel Topology and Control of Single Inverter System for Two Permanent Magnet Synchronous Machines," *2014 IEEE Applied Power Electronics Conference and Exposition - APEC 2014*, 2014, pp. 833–837.

[2] I. Spina, G. Brando, and A. Cervone, "A Perturb-and-Observe Based MTPA Algorithm for Mono-Inverter Multi PMSM Electric Drives", *2024 International Symposium on Power Electronics, Electrical Drives, Automation and Motion (SPEEDAM)*, pp.169–177, 2024.

[3] Y. Lee and J.-I. Ha, "Minimization of Stator Currents for Mono Inverter Dual Parallel PMSM Drive System," in *Proc. Int. Power Electron., Conf.*, Hiroshima, Japan, 2014, pp.3140–3144.

[4] Y. Lee and J. Ha, "Analysis and Control of Mono Inverter Dual Parallel SPMSM Drive System," in *Proc. IEEE Energy Convers. Congr. Expo.*, 2014, pp. 4843–4849.

[5] S.-K. Kim, J.-S. Lee, and K.-B. Lee, "Self-Tuning Adaptive Speed Controller for Unknown Permanent Magnet Synchronous Motor," *IEEE Trans. Power Electron.*, vol. 32, no. 2, pp. 1493–1506, Feb. 2016.

[6] M. Seilmeier and B. Piepenbreier, "Sensorless Control of PMSM for The Whole Speed Range Using Two-Degree-of-Freedom Current Control and HF Test Current Injection for Low-Speed Range," *IEEE Trans. Power Electron.*, vol. 30, no. 8, pp. 4394–4403, Aug. 2015.

[7] X. Song, J. Fang, B. Han, and S. Zheng, "Adaptive Compensation Method for High-Speed Surface PMSM Sensorless Drives of EMF-Based Position Estimation Error," *IEEE Trans. Power Electron.*, vol. 31, no. 4, pp. 1438–1449, Feb. 2016.

[8] Y. Lee and J.-I. Ha, "Analysis of Parameter Variations on Mono Inverter Dual Parallel SPMSM Drive System," in *Proc. 9th Int. conf. Power Electron./IEEE Energy Convers. Congr. Expo. Asia,*

Seoul, South Korea, 2015, pp. 1875–1880.

[9] T. Nagano and J.-I. Itoh, "Parallel Connected Multiple Drive System Using Small Auxiliary for Numbers of PMSM," in *Proc. Int. Power Electron. Conf.*, May 2014, pp. 1253–1260.

[10] G. Brando, L. Piegari, and I. Spina, "Simplified Optimum Control Method for Monoinverter Dual Parallel PMSM Drive," *IEEE Trans. Ind. Electron.*, vol. 65, no. 5, pp. 3763–3771, May 2018.

[11] H.-W. Lee and K.-B. Lee, "Simplified Model Predictive Current Control of a Mono-Inverter Dual Parallel Permanent Magnet Synchronous Motors," *2024 IEEE Energy Conversion Congress and Exposition (ECCE)*, pp. 6357–6361.

[12] G.-J. Nam, H.-W. Lee, and K.-B. Lee, "A Gain Design Strategy for an Active Damping Controller of a MIDP Permanent Magnet Synchronous Motors Drive System," *2024 IEEE Energy Conversion Congress and Exposition (ECCE)*, pp. 6060–6064.

[13] C. Park and S. Doki, "Control Method of Dual Parallel Surface-Mounted Permanent-Magnet Synchronous Motor Systems with Different Parameters Using Single Inverter," *2022 IEEE Energy Conversion Congress and Exposition (ECCE)*, Detroit, MI, USA, 2022, pp. 1–8

[14] T. Liu, Z. Liu, F. Zhu, and Z. Mao, "Dual Parallel-PMSM System Using Single PMSM Control Hardware: A PLL-Integrated UIO Approach," *IEEE Trans. Power Electron.*, vol. 38, no. 12, pp. 15300–15313, Dec. 2023.

[15] T.-I. Yeam and D.-C. Lee, "Design of Sliding-Mode Speed Controller with Active Damping Control for Single-Inverter Dual-PMSM Drive Systems," *IEEE Trans. Power Electron.*, vol. 36, no. 5, pp. 5794–5801, May 2021.

[16] Y. Cho, K.-B. Lee, J.-H. Song, and Y. I. Lee, "Torque-Ripple Minimization and Fast Dynamic Scheme for Torque Predictive Control of Permanent Magnet Synchronous Motors," *IEEE Trans. Power Electron.*, vol. 30, no. 4, pp. 2182–2190, Apr. 2015.

[17] C. Park and S. Doki, "Active Damping Control Method for Different Dual Parallel-SPMSM Systems with Single Inverter," *IEEJ Journal of Industry Applications*, 2023, Vol. 12, no. 1, pp. 73–83, Jan. 2023.

[18] T. Liu, Z. Liu, and F. Zhu, "A Nonlinear Robust Speed Controller for Dual Nonidentical Parallel

PMSM system," *IEEE Trans. Power Electron.*, vol. 37, no. 9, pp. 10190–10199, Sep. 2022.

[19] T. Nagano and J. Itoh, "Design of Multi-Parallel Drive Technique for System with Numbers of Permanent Magnet Synchronous Motors," *2013 IEEE 10th International Conference on Power Electronics and Drive Systems (PEDS)*, 2013, pp. 193–198.

[20] J. Lee and J.-W. Choi, "MTPA Control Method for MIDP SPMSM Drive System Using Angle Difference Controller and P&O Algorithm," *IEEE Trans. Power Electron.*, vol. 37, no. 12, pp. 15382–15396, Dec. 2022.

[21] Y. Lee, and J.-I. Ha, "Control Method for Mono Inverter Dual Parallel Surface-Mounted Permanent-Magnet Synchronous Machine Drive System," *IEEE Trans. Ind. Electron.*, vol. 62, no. 10, pp. 6096–6107, Oct. 2015.

[22] A. Bouscayrol et al., "Weighted Control of Traction Drives with Parallel Connected AC Machines," *IEEE Trans. Ind. Electron.*, vol. 53, no. 6, pp. 1799–1806, Dec. 2006.

[23] D. Bidart, M. Pietrzak-David, P. Maussion, and M. Fadel, "Mono Inverter Multi-Parallel Permanent Magnet Synchronous Motor: Structure and Control Strategy," *IET Elect. Power Appl.*, vol. 5, no. 3, pp. 288–294, Mar. 2011.

CHAPTER 07

PMSM 기반 SIDM 구동 시스템의 센서리스 제어

PMSM의 순시 토크 제어는 주로 자속 기준 벡터 제어(Field oriented control, FOC)를 통해 수행되며, 이를 위해서는 회전자의 정확한 위치와 속도 정보가 필수적으로 요구된다. 일반적으로 이러한 정보를 얻기 위해 엔코더나 레졸버와 같은 기계식 위치 센서가 사용된다. 그러나 위치 센서의 사용은 시스템의 구성에 있어 비용과 공간의 증가를 초래할 뿐만 아니라, 장기간 운전 시 발생하는 센서의 노화나 외부 환경 요인에 따른 신뢰성 저하 문제, 주기적인 유지보수 필요성과 같은 단점을 동반한다. 특히 고온, 고습, 진동이 심한 산업 현장이나 항공·자동차 분야와 같이 극한 환경에서 동작하는 시스템에서는 센서의 내구성이 전체 시스템의 신뢰성에 직접적으로 영향을 미치게 된다. 이러한 이유로, 센서를 제거하고 소프트웨어 기반의 알고리즘을 통해 위치 및 속도 정보를 추정하는 센서리스 제어 기법은 지난 수십 년간 활발히 연구되어 왔으며, 비용 절감, 시스템 소형화, 신뢰성 향상이라는 관점에서 큰 장점을 제공한다.

SIDM 구동 시스템 역시 이러한 장점을 도입하기 위해 센서리스 제어의 적용이 요구된다. 그러나 SIDM 구조는 기존의 단일 인버터-단일 전동기 시스템에 비해 제어 복잡도가 높다. 두 대의 전동기가 동일한 인버터 출력 전압을 공유하기 때문에, 개별 전동기에 대한 독립적인 전압 인가나 속도 제어가 불가능하다. 따라서 센서리스 제어를 그대로 적용하는 데에는 구조적인 제약이 존재한다. 특히 병렬 운전에서 발생하는 부하 불균형, 회전자 위치 차이, 공진 및 불안정성 문제는 기존 센서리스 기법의 성능을 저하시킬 수 있으며, 단일 전동기 시스템에서와 동일한 조건으로 적용하기 어려운 경우가 많다.

그럼에도 불구하고, 능동 댐핑 제어 방식을 적용하는 경우에는 PMSM 기반 SIDM 구동 시스템에서도 기존의 센서리스 제어 기법을 큰 제약 없이 활용할 수 있다는 장점이 있다. 따라서 단일 전동기를 대상으로 연구되어 온 센서리스 제어 기법들을 SIDM 구조에 그대로 확장하여 적용할 수 있다. 다만, 앞서 4장에서 기술된 바와 같이 SIDM 시스템 특유의 불안정성과 특정 속도 영역에서 발생하는 공진 현상은 별도로 고려되어야 하며, 각 운전 조건에 적합한 센서리스 기법의 선택과 적용이 필요하다.

본 장에서는 이러한 배경을 바탕으로, 능동 댐핑 제어 하에서 구동되는 PMSM 기반 SIDM 구동 시스템의 센서리스 제어에 대해 고찰한다. 먼저, 7.1절에서는 초기 기동 및 저속 영역 운전에 적합한 I/F 제어 기반의 센서리스 운전 방법을 다룬다. 이어서 7.2절에서는 중·고속 영역에서 널리 활용되는 역기전력(Back electromotive force, EMF) 기반 센서리스 제어 기법에 대해 설명한다. 마지막으로, 시뮬레이션 및 실험 결과를 제시하여, PMSM 기반 SIDM 구동 시스템에서의 센서리스 제어 기법의 유효성과 한계를 검증한다. 이를 통해 본 장은 PMSM 기반 SIDM 구동 시스템에 있어 센서리스 제어의 적용 가능성과 실제적인 설계 지침을 제시하는 것을 목표로 한다.

7.1 I/F 제어 기법

PMSM의 기동 방법으로는 저속 영역에서 V/F 제어에 비해 우수한 성능을 제공하기 때문에 일반적으로 I/F 제어가 선호된다. V/F 제어 방식은 저속에서 안정적인 토크를 확보하기 위해 고정자 저항에 의한 전압 강하와 인버터 전압 오차를 보상해야 하는 한계를 가진다. 또한, 고정자 전류를 효과적으로 제한하기 어렵다는 점 역시 단점으로 지적된다. 반면, I/F 제어 방식은 별도의 전압 보상이 불필요하며, 전류 제어 루프에 의해 고정자 전류가 본질적으로 제한되는 장점을 갖는다.

PMSM 기반 구동 시스템의 센서리스 초기 기동 과정에서는 회전자의 위치나 속도 정보가 명확하게 확보되지 않는다. 특히 역기전력 기반 센서리스 제어를 적용하는 경우, 저속 영역에서는 역기전력 신호가 미약하여 정확한 위치 추정이 어려우며, 고주파 신호 주입 방식 역시 응답 지연이나 불안정성을 초래할 수 있다. 이러한 이유로, 실제 시스템에서는 별도의 센서나 복잡한 관측기를 사용하지 않고도 간단하게 모터를 기동시킬 수 있는 방법이 요구된다. I/F 제어는 이러한 요구를 충족하는 대표적인 기법으로, 전류 지령과 주파수 지령을 직접 인가하여 모터를 구동하는 구조를 가진다. 이 방식은 별도의 속도 제어기나 위치 센서를 필요로 하지 않으며, 구현이 단순하고 직관적이라는 점에서 초기 기동에 널리 활용된다.

특히 PMSM 기반 SIDM 구동 시스템에서는 구조적 특성으로 인해 저속 영역에서의 안정성이 본질적으로 낮다. 두 전동기가 동일한 인버터 출력 전압을 공유하기 때문에, 각 전동기의 부하 불균형이나 회전자 위치 차이가 저속에서 더 크게 부각되며, 이는 시스템 전체의 동기화 안정성을 저하시킨다. 따라서 실제 응용에서는 저속 상태를 장시간 유지하기보다는, 다른 센서리스 제어 기법으로 전환이 가능한 속도 영역까지 가속하는 것이 I/F 제어의 주요 목적이 된다. 이러한 관점에서 I/F 제어는 기동 이후 모터를 신속하게 가속하여 센서리스 제어 기법의 안정성이 확보되는 운전 영역으로 도달시키는 데 적합하다. 즉, PMSM 기반 SIDM 구동 시스템의 운전에서, I/F 제어는 저속 영역을 유지하기 위한 제어 기법이라기보다는, 초기 기동과 가속 구간을 안전하고 간단하게 통과하기 위한 수단으로 고려된다.

추가적인 보상 기법이 적용되지 않는 기본적인 I/F 제어의 동작 원리는 비교적 단순하다. d축 전류 지령을 0으로 설정하고, q축 전류를 일정한 값으로 인가하여 토크를 발생시킨다. 이때 인버터 출력 주파수가 회전자의 속도를 결정하며, q축 전류의 크기가 토크의 크기를 결정한다. 즉, 주파수를 증가시키면 전동기의 속도가 상승하고, 전류를 증가시키면 발생 토크가 커지는 구조이다. 이러한 원리는 복잡한 연산이나 모델 기반의 추정 과정을 요구하지 않기 때문에, 초기 구동 단계에서 빠르고 직관적으로 적용할 수 있다.

물론 단순 I/F 제어는 속도 유지나 외란 보상 측면에서 한계가 있다. 부하가 갑자기 변하거나 외란이 작용하면 속도가 쉽게 변동할 수 있고, 제어 루프가 존재하지 않기 때문에 이를 보정하기 어렵다. 그러나 PMSM 기반 SIDM 시스템의 주요 운전 구간이 중속 이상임을 고려하면, 이러한 한계는 치명적인 문제가 되지 않는다. 실제로 단순 I/F 제어는 저속 영역을 안정적으로 유지하는 것을 목표로 하지 않고, 안정성이 확보되는 중속 영역으로 모터를 빠르게 이끌어주는 과도기적 제어 방법으로 사용되기 때문이다.

결과적으로, 단순 I/F 제어는 PMSM 기반 SIDM 구동 시스템에서 초기 기동과 저속 가속 구간에 적합한 기법이라 할 수 있다. 구현이 단순하고 하드웨어적인 부담이 적으며, 초기 단계에서 안정적인 속도 상승을 보장할 수 있기 때문에, 이후 본격적인 센서리스 제어나 고성능 제어 기법으로 전환되기 전까지 시스템을 안전하게 구동할 수 있는 기반을 제공한다. 따라서 단순 I/F 제어는 PMSM 기반 SIDM 시스템의 제어 전략을 설계할 때 반드시 고려되어야 하는 기법이며, 이후 장에서 다루는 다양한 센서리스 기법과의 연계 운용을 위한 중요한 출발점이 된다.

7.2 역기전력 기반 센서리스 제어 기법

역기전력 기반 센서리스 제어 기법은 전동기의 고정자 전류 정보를 이용하여 역기전력을 추정하고, 이를 바탕으로 회전자의 위치와 속도를 산출하는 방식이다. 이 기법은 별도의 추가 센서나 보조적인 전압 주입이 필요하지 않고, 기존의 전류 및 전압 측정 회로만으로 구현할 수 있기 때문에 하드웨어적 부담이 적고 시스템 구성이 단순하다는 장점을 갖는다. 즉, 기존의 제어 루프와 전력변환 장치를 그대로 활용하면서도 센서리스 운전이 가능하다는 점에서 실용성이 높다. 이러한 이유로 역기전력 기반 기법은 센서리스 제어 연구와 산업 적용에서 가장 널리 활용되는 방법 중 하나로 자리 잡았다.

그러나 역기전력 기반 센서리스 제어는 전동기 운전 속도에 따라 성능의 제약을 받는다. 특히 저속 영역에서는 역기전력의 크기가 매우 작아 신호 대 잡음비(Signal-to-noise ratio)가 낮아지고, 이에 따라 위치 및 속도 추정의 정확도가 떨어지는 문제가 발생한다. 고속 영역에서는 충분히 큰 역기전력 신호를 확보할 수 있으므로 안정적인 추정이 가능하지만, 저속 영역에서는 추정 오차가 커지고 제어 안정성이 저하될 수 있다. 따라서 이 기법은 단독으로 전속도 영역에서 사용하기에는 한계가 있으며, 보통은 다른 기법과 결합하여 운전 속도에 따라 제어 전략을 전환하는 방식으로 사용된다.

실제로 대부분의 센서리스 운전에서는 저속 영역에서는 I/F 제어나 고주파 신호 주입 방식을 사용하여 모터를 일정 속도 이상으로 가속시킨 뒤, 충분한 역기전력을 확보할 수 있는 구간에서 역기전력 기반 센서리스 제어로 전환한다. PMSM 기반 SIDM 구동 시스템 역시 동일한 접근 방식을 적용할 수 있다. 즉, 저속 운전에서 나타나는 불안정성은 I/F 제어를 활용하여 빠르게 가속함으로써 장시간 머무르지 않고 회피하며, 이후 안정성이 확보되는 중속 이상의 영역에서는 역기전력 기반 센서리스 제어를 적용하여 불안정성이 높은 공진 구간을 통과하고 회피함으로써 전체 속도 영역에서의 센서리스 운전을 구현할 수 있다.

이는 SIDM 구조의 제약인 두 전동기가 동일한 인버터를 공유하고 개별적인 전압 제어가 불가능하다는 점을 고려할 때 더욱 합리적인 전략이다.

역기전력 기반 센서리스 제어에는 여러 방식이 존재한다. 대표적으로 전압 방정식을 이용하여 직접적으로 역기전력을 추정하는 방법, 관측기(Observer)를 기반으로 신호를 보정하는 방법, 고역통과필터를 사용하여 노이즈 성분을 제거한 뒤 역기전력 성분을 추출하는 방법 등이 있다. 구현 방식에는 차이가 있지만, 전동기의 역기전력을 활용하여 회전자의 위치와 속도를 추정한다는 원리적 기반은 동일하다.

본 절에서는 특히 매입형 영구자석 동기전동기(Interior permanent magnet synchronous motor, IPMSM)의 특성을 고려하여 제안된 확장된 역기전력(Extended back electromotive force, EEMF) 기반 센서리스 제어 기법에 대해 설명한다. 이 방법은 전통적인 역기전력 추정 방식의 한계를 보완하여, IPMSM의 고유한 전기적 특성을 활용함으로써 보다 정확한 위치와 속도 추정을 가능하게 한다. 비록 해당 기법은 IPMSM을 대상으로 제안되었지만, 근본적인 적용 원리가 SPMSM에서도 동일하게 적용될 수 있으며, SIDM 구동 시스템에서도 충분히 확장 가능하다.

요약하면, 역기전력 기반 센서리스 제어는 구현이 용이하고 하드웨어적 부담이 적다는 장점과 동시에 저속 영역에서의 추정 정확도 저하라는 단점을 동시에 가진다. 따라서 PMSM 기반 SIDM 구동 시스템의 전속도 운전을 위해서는, I/F 제어나 고주파 주입 방식과 같은 저속 보완 기법과 결합하여 단계적으로 적용하는 것이 필수적이다. 본 절에서 다루는 EEMF 기반 제어 기법은 이러한 요구에 부합하며, PMSM 기반 SIDM 구동 시스템의 센서리스 운전 안정성을 향상시키는 핵심적인 해법으로 평가될 수 있다.

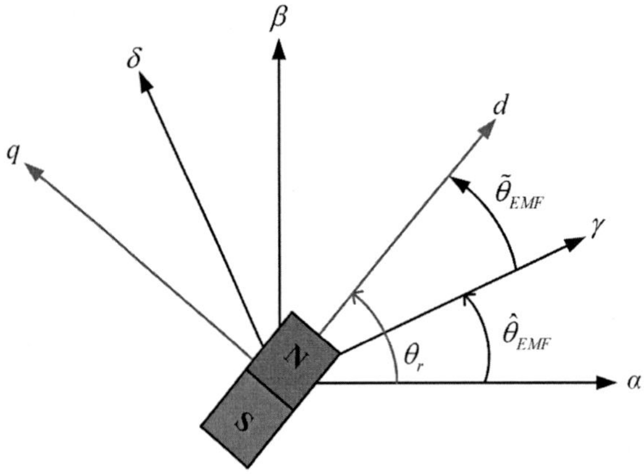

그림 7.1 PMSM의 공간 벡터 다이어그램

[그림 7.1]은 IPMSM의 공간 벡터 다이어그램을 나타낸다. 평면 상의 $\alpha-\beta$축은 고정자에 고정된 정지 좌표계를 의미하며, $d-q$축은 회전자 쇄교 자속의 위치 θ_r과 동기화된 회전자 좌표계를 나타낸다. 이때 d축은 영구자석의 N극 방향과 일치한다. 한편, $\gamma-\delta$축은 EEMF 기반 센서리스 제어 기법을 통해 추정된 회전자 위치와 동기화된 추정 좌표계를 의미한다. 실제 회전자 좌표계 $d-q$축과 추정된 회전자 좌표계 $\gamma-\delta$축 사이, 그리고 추정 좌표계 $\gamma-\delta$축과 정지 좌표계 $\alpha-\beta$축 사이에는 위상각 오차가 존재하며, 이는 센서리스 제어에서 위치 및 속도 추정의 정확도를 결정하는 중요한 요소로 작용한다. [그림 7.1]에서, $\hat{\theta}_{EMF}$는 추정된 회전자 위치를 의미하며 $\tilde{\theta}_{EMF}$는 θ_r과 $\hat{\theta}_{EMF}$의 차이를 나타낸다.

회전자 좌표계 $d-q$축 상에서 표현된 IPMSM의 전압 방정식은 식 (7.1)과 같다.

$$\begin{bmatrix} v_d \\ v_q \end{bmatrix} = \begin{bmatrix} R_s + pL_d & -\omega_r L_q \\ \omega_r L_d & R_s + pL_q \end{bmatrix} \begin{bmatrix} i_d \\ i_q \end{bmatrix} + \omega_r \phi_r \begin{bmatrix} 0 \\ 1 \end{bmatrix} \tag{7.1}$$

여기서 L_d와 L_q는 각각 d축과 q축의 인덕턴스를 의미한다. 회전자 좌표계에서 표현된 전압 방정식 식 (7.1)을 정지 좌표계로 좌표 변환하면, 정지 좌표계에서의 전압 방정식은 식 (7.2)

와 같이 표현된다.

$$\begin{bmatrix} v_\alpha \\ v_\beta \end{bmatrix} = \begin{bmatrix} R_s + p(L_a + L_b \cos 2\theta_r) & pL_b \sin 2\theta_r \\ pL_b \sin 2\theta_r & R_s + p(L_a - L_b \cos 2\theta_r) \end{bmatrix} \begin{bmatrix} i_\alpha \\ i_\beta \end{bmatrix} + \omega_r \phi_r \begin{bmatrix} -\sin\theta_r \\ \cos\theta_r \end{bmatrix} \tag{7.2}$$

여기서 v_α, v_β는 $\alpha-\beta$축 고정자 전압, i_α, i_β는 $\alpha-\beta$축 고정자 전류를 나타내며, $L_a = (L_d + L_q)/2, L_b = (L_d - L_q)/2$ 로 정의된다.

IPMSM의 d축과 q축 인덕턴스 L_d와 L_q의 차이가 충분히 작다고 가정하면, 식 (7.1)은 단순화되어 식 (7.3) 및 식 (7.4)와 같이 표현된다.

$$\begin{bmatrix} v_d \\ v_q \end{bmatrix} = \begin{bmatrix} R_s + pL_d & -\omega_r L_q \\ \omega_r L_d & R_s + pL_q \end{bmatrix} \begin{bmatrix} i_d \\ i_q \end{bmatrix} + e_{EMF} \begin{bmatrix} 0 \\ 1 \end{bmatrix} \tag{7.3}$$

$$e_{EMF} = \omega_r \left[(L_d - L_q) i_d + \phi_r \right] - (L_d - L_q) p i_q \tag{7.4}$$

여기서, e_{EMF}는 회전자 좌표계에서 표현된 EEMF를 의미한다.

이 가정을 적용한 회전자 좌표계 상의 전압 방정식 식 (7.3)을 추정된 회전자 좌표계인 $\gamma-\delta$ 축으로 변환하면 식 (7.5)와 같이 표현된다.

$$\begin{bmatrix} v_\gamma \\ v_\delta \end{bmatrix} = \begin{bmatrix} R_s + pL_d & -\omega_r L_q \\ \omega_r L_d & R_s + pL_q \end{bmatrix} \begin{bmatrix} i_\gamma \\ i_\delta \end{bmatrix} + \begin{bmatrix} e_\gamma \\ e_\delta \end{bmatrix} \tag{7.5}$$

$$\begin{bmatrix} e_\gamma \\ e_\delta \end{bmatrix} = e_{EMF} \begin{bmatrix} -\sin\tilde{\theta}_{EMF} \\ \cos\tilde{\theta}_{EMF} \end{bmatrix} \begin{bmatrix} i_\gamma \\ i_\delta \end{bmatrix} + (\hat{\omega}_{EMF} - \omega_r) \begin{bmatrix} -i_\delta \\ i_\gamma \end{bmatrix} \tag{7.6}$$

여기서, e_γ와 e_δ는 $\gamma-\delta$ 축에서 표현된 EEMF를 나타내며, $\hat{\omega}_{EMF}$은 EEMF 기반 센서리스 기법을 통해 추정된 회전자 각속도를 의미한다. $\gamma-\delta$ 축에서의 EEMF e_γ, e_δ는 최소 차원 관측기를 통해 추정된다.

EEMF 기반 센서리스 제어 기법으로 추정된 각속도 $\hat{\omega}_{EMF}$와 실제 회전자 각속도 ω_r 사이의 오차가 충분히 작다고 가정하면, $\gamma-\delta$ 축 상의 EEMF는 식 (7.7)과 같이 표현된다.

$$\begin{bmatrix} \hat{e}_\gamma \\ \hat{e}_\delta \end{bmatrix} = e_{EMF} \begin{bmatrix} -\sin\tilde{\theta}_{EMF} \\ \cos\tilde{\theta}_{EMF} \end{bmatrix} \tag{7.7}$$

$$\tilde{\theta}_{EMF} = \tan^{-1}\left(-\frac{\hat{e}_\gamma}{\hat{e}_\delta}\right) \tag{7.8}$$

여기서, $\hat{e}_\gamma$과 $\hat{e}_\delta$은 추정된 $\gamma-\delta$ 축의 EEMF 성분을 나타낸다.

식 (7.7)로부터 계산되는 실제 $d-q$ 축과 $\gamma-\delta$ 축 사이의 위치 오차 $\tilde{\theta}_{EMF}$는 위치/속도 추정기에 입력되어 회전자의 위치와 속도를 추정하는 데 사용된다. 추정기는 PI 제어기의 형태로 구성되며, 이 추정기를 통해 1차로 추정된 회전자 각속도 $\hat{\omega}_o$을 얻을 수 있다. 또한, 추정기의 출력인 $\hat{\omega}_o$을 적분함으로써 최종적으로 회전자 위치 $\hat{\theta}_{EMF}$을 계산할 수 있다.

FOC 제어에 사용되는 추정된 회전자 속도 $\hat{\omega}_{EMF}$은 1차로 추정된 회전자 각속도 $\hat{\omega}_o$에 저역통과필터(Low-pass filter, LPF)를 적용하여 얻는다. [그림 7.2]는 EEMF 기반 센서리스 제어 기법의 회전자 위치 및 속도 추정 알고리즘의 전체 블록도를 나타낸다.

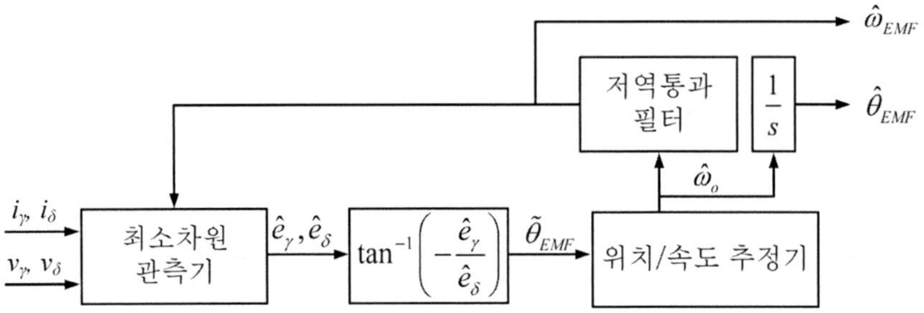

그림 7.2 EEMF 기반 센서리스 제어 기법의 알고리즘 블록도

PMSM 기반 SIDM 구동 시스템에서 EEMF 기반 센서리스 제어 기법은 각 전동기에 독립적으로 적용된다. 이 기법은 추가 전압 인가나 별도의 하드웨어 구성이 필요하지 않으므로, PMSM 기반 SIDM 구동을 위한 다른 제어 기법과 병행 적용이 가능하다. 이에 따라 능동 댐핑 제어 역시 EEMF 기반 센서리스 제어 기법과 동시에 적용될 수 있으며, 두 기법의 상호 작용으로 인한 제어 성능 및 추정 성능의 저하는 발생하지 않는다.

능동 댐핑 제어 기법과 센서리스 제어가 동시에 적용되는 경우 전체 시스템의 제어 블록도는 [그림 7.3]과 같이 나타난다. 여기서 θ_1_est와 θ_2_est는 각각 마스터 PMSM과 슬레이브 PMSM의 추정된 회전자 위치를 의미한다. 마찬가지로, ω_1_est와 ω_2_est는 각각의 전동기의 추정된 각속도를 나타낸다.

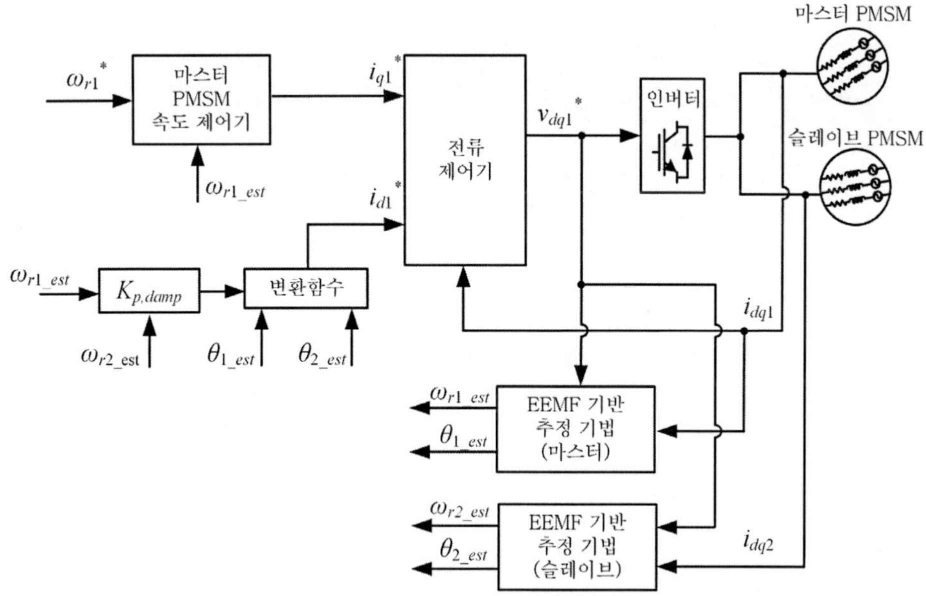

그림 7.3 능동 댐핑 제어와 EEMF 기반 센서리스 제어 기법이 적용된 PMSM 기반 SIDM 구동 시스템의 제어 블록도

7.3 시뮬레이션

PMSM 기반 SIDM 구동 시스템에서, EEMF 기반 센서리스 제어 기법의 성능은 시뮬레이션 결과를 통하여 유효성을 확인하였다. 시뮬레이션에 사용된 PMSM들의 파라미터는 이전의 시뮬레이션과 동일하게 [표 4.1]의 파라미터가 사용되었다. 마찬가지로, 스위칭 주파수 또한 10 kHz로 설정되었으며 이외의 시뮬레이션 파라미터들은 기존 시뮬레이션들과 동일하게 설정되었다.

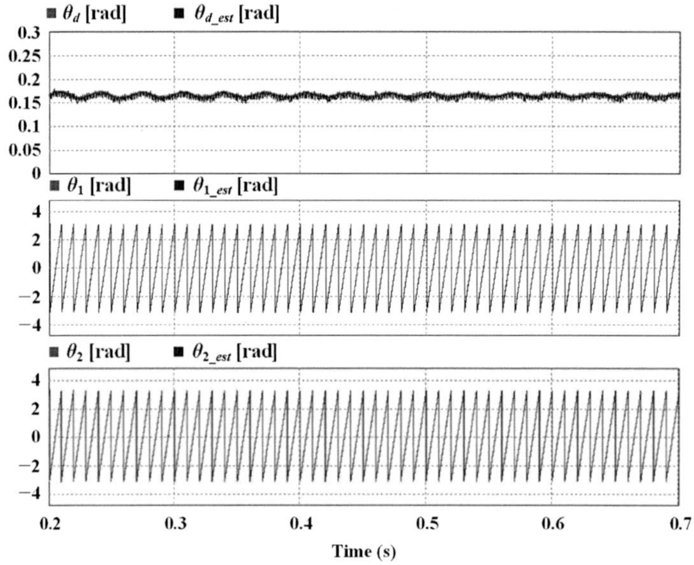

그림 7.4 EEMF 기반 센서리스 제어 기법의 추정 성능 시뮬레이션 결과

[그림 7.4]는 능동 댐핑 제어와 EEMF 기반 센서리스 제어 기법이 적용된 PMSM 기반 SIDM 구동 시스템에서 각 전동기의 회전자 위치 추정 성능을 나타낸 시뮬레이션 결과이다. 시스템의 제어는 능동 댐핑 제어를 통해 수행되었으며, 마스터 전동기의 지령 속도는 2000 rpm으로 설정되었다. 또한 마스터 전동기와 슬레이브 전동기의 부하 토크는 각각 2.2 Nm와 1.1 Nm로 설정되었다.

시뮬레이션 파형의 최상단 결과는 능동 댐핑 제어의 주요 변수인 두 전동기의 회전자 위치 차이에 대한 실제값과 추정값을 나타낸다. 이때 회전자 위치 차이의 추정값은 각 전동기에 적용된 EEMF 기반 센서리스 제어 기법으로부터 도출된 정보를 바탕으로 계산된다.

시뮬레이션 조건에서 EEMF 기반 센서리스 제어 기법은 안정적인 추정 성능을 통해 각 전동기의 회전자 위치를 도출하였다. 이에 따라 능동 댐핑 제어의 핵심 제어 변수인 회전자 위치 차이 역시 추정값과 실제값 간의 오차가 작게 유지되었으며, 전체 시스템은 안정적인 제어 성능을 확보할 수 있었다.

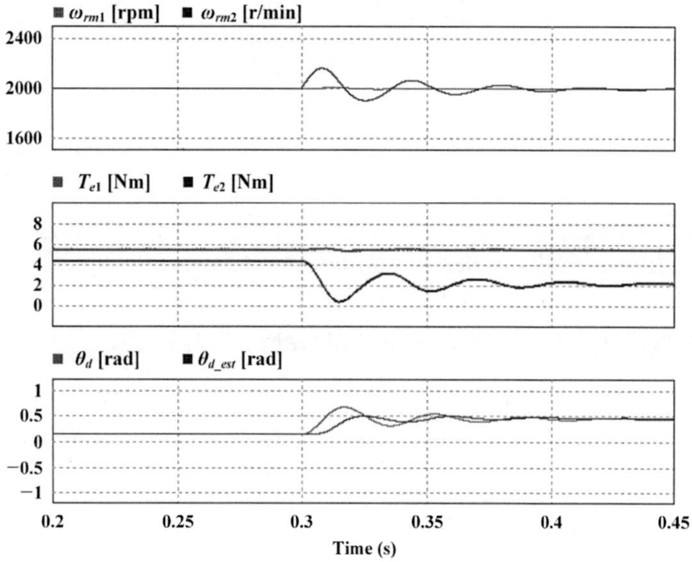

그림 7.5 EEMF 기반 센서리스 제어 기법의 부하 변동 시뮬레이션 결과

[그림 7.5]는 능동 댐핑 제어와 EEMF 기반 센서리스 제어 기법이 적용된 PMSM 기반 SIDM 구동 시스템에서 슬레이브 전동기의 부하 변동에 대한 시뮬레이션 결과를 나타낸다. [그림 7.5]의 시뮬레이션 결과 파형은 위에서부터 각 전동기의 속도, 출력 토크, 두 전동기의 회전자 위치 차이를 실제값과 추정값으로 보여준다. [그림 7.4]와 마찬가지로, 회전자 위치 차이의 추정값은 각각의 전동기에 적용된 EEMF 기반 센서리스 제어 기법으로 추정된 정보가 사용되었다.

시뮬레이션 초기 조건에서 각 전동기의 회전자 위치 및 속도는 EEMF 기반 센서리스 제어 기법을 통해 추정된 값에 의해 제어되었다. 마스터 전동기의 지령 속도는 2000 rpm으로 설정되었으며, 부하는 5.5 Nm로 고정되었다. 슬레이브 전동기의 초기 부하는 4.4 Nm로 설정되었고, 0.3 s 시점에서 2.2 Nm로 변경되었다.

부하 변경 이전에는 시스템이 정상 상태를 유지하며, EEMF 기반 센서리스 제어 기법은 안정적인 추정 성능을 보였다. 그러나 0.3 s에서 슬레이브 전동기의 부하가 변경되면서 시스템은 일시적인 과도 상태에 진입하였고, 이때 속도, 출력 토크, 및 회전자 위치 차이에 진동이 발생하였다. 이후 센서리스 제어에 의해 추정되는 회전자 위치와 속도의 오차가 점차 감소함에 따라 회전자 위치 차이의 오차도 줄어들었다. 결과적으로, 능동 댐핑 제어에 의해 진동이 억제되고 시스템은 다시 안정적인 제어 성능을 유지하게 되었다.

7.4 실험결과

PMSM 기반 SIDM 구동 시스템에서 전 구간 센서리스 운전의 성능은 실험을 통해 검증되었다. 실험에는 [그림 5.7]에 제시된 3상 2레벨 단일 인버터와 병렬 PMSM 세트가 사용되었으며, 두 PMSM의 파라미터는 시뮬레이션과 동일하게 [표 4.1]의 값을 적용하였다.

전 구간 센서리스 운전은 EEMF 기반 센서리스 제어 기법의 추정 성능이 확보되는 속도까지 I/F 제어를 이용해 가속한 후, EEMF 기반 센서리스 제어 기법으로 전환하는 방식으로 구현되었다. 전환은 600 rpm에서 수행되었으며, 이는 EEMF 기반 센서리스 제어 기법의 추정 성능이 확보되는 조건과 동시에 시스템의 공진 영역을 고려하여 설정되었다.

4장의 공진 영역 분석과 5장 및 6장의 실험 결과를 종합하면, 시스템의 공진 영역은 약 700 rpm 근처임을 확인할 수 있었다. 이 영역에서는 시스템의 불안정성이 높아 I/F 제어보다는 5장 및 6장에서 제시된 제어 기법들을 적용하는 것이 적합하다. 따라서 전환 속도는 EEMF 기반 센서리스 제어 기법의 안정적인 추정 성능 확보와 공진 영역과의 충분한 이격이라는 두 가지 조건을 동시에 만족하도록 600 rpm으로 설정하였다.

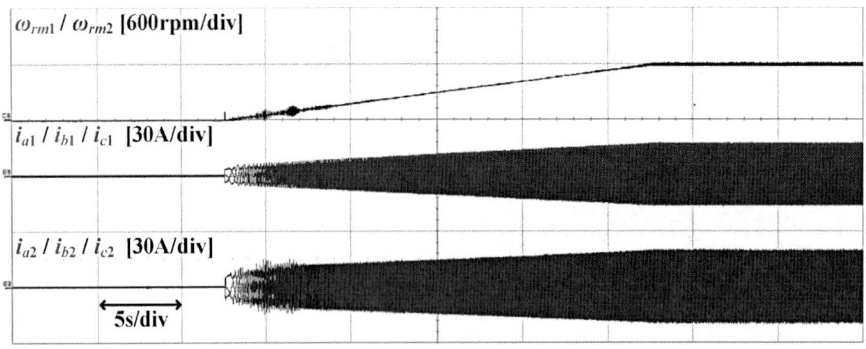

그림 7.6 I/F 제어를 통한 가속실험 결과

[그림 7.6]은 PMSM 기반 SIDM 구동 시스템에서 I/F 제어를 적용하여 600 rpm까지 가속한 실험 결과를 나타낸다. 실험에서는 두 전동기의 부하 조건을 각각 2.2 Nm와 무부하로 설정하였다. I/F 제어는 마스터 전동기로 지정된 PMSM 1에 적용되며, PMSM 2는 마스터 전동기의 I/F 제어 동작에 의해 개루프 방식으로 속도가 동기화된다. 또한, 지령 전류는 과도한 전류 발생을 방지하기 위해 램프 형태로 인가되었다. 그 결과, 공진 영역대인 700 rpm과 충분히 이격된 600 rpm 부근까지 두 전동기가 I/F 제어를 통해 안정적으로 가속됨을 확인할 수 있었다.

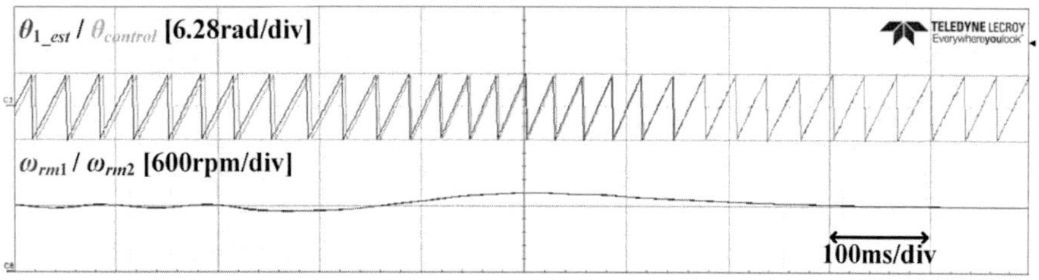

그림 7.7 I/F 제어에서 EEMF 기반 센서리스 제어 기법으로의 순차적 절환 실험 결과

[그림 7.7]은 I/F 제어에서 EEMF 기반 센서리스 제어 기법으로 전환한 실험 결과를 나타낸다. 제어 기법 전환 시 발생할 수 있는 전동기의 속도 및 토크 진동을 방지하기 위해, 회전자 위치 정보는 0.3 s의 절환 시간을 두어 I/F 제어의 위상각 정보에서 EEMF 기반 센서리스 제어 기법으로 추정된 위상각 정보로 점진적으로 전환하였다.

[그림 7.7]의 $\theta_{control}$은 FOC 제어에 사용되는 회전자 위상각 정보를 의미한다. $\theta_{control}$은 초기에는 I/F 제어의 위상각을 사용하다가, 설정된 절환 시간을 통해 EEMF 기반 센서리스 제어 기법의 추정값으로 점진적으로 전환된다. 이를 통해 제어 기법 전환 과정에서 발생하는 속도 진동 현상이 완화되며, 시스템은 안정적으로 제어 기법을 전환할 수 있다. 아울러, 오픈루프 제어 방식인 I/F 제어에서 피드백 제어 방식인 FOC 제어로의 전환이 이루어지므로, 마스터 속도 제어기의 적분 성분에 대해서는 적절한 전향 보상이 추가적으로 고려되었다.

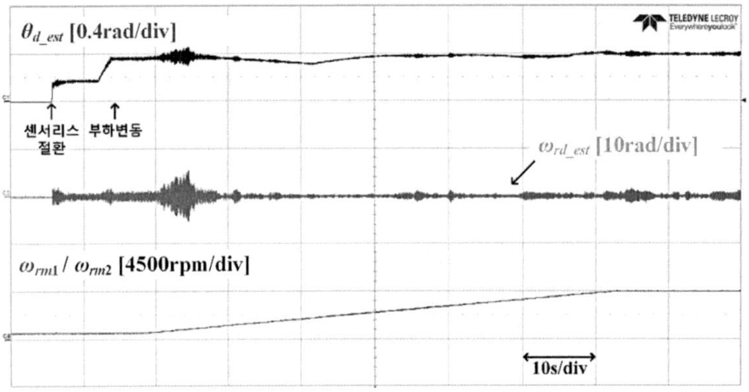

(a) 추정된 회전자 정보 및 실제 속도

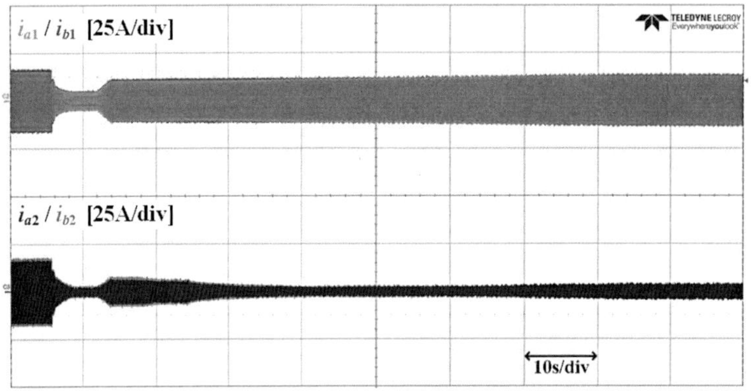

(b) 각 전동기의 고정자 전류

그림 7.8 PMSM 기반 SIDM 구동 시스템의 전구간 센서리스 운전 실험 결과

[그림 7.8]은 PMSM 기반 SIDM 구동 시스템의 전구간 센서리스 운전 실험 결과를 나타낸다. 실험 초기 부하 조건은 마스터 전동기 2.2 Nm, 슬레이브 전동기 무부하로 설정하였다. 이 조건에서 I/F 제어를 통해 600 rpm까지 가속한 후, EEMF 기반 센서리스 제어 기법으로 전환하였다. 제어 기법 전환 이후 마스터 전동기의 부하를 5.5 Nm로 변경하였으며, 정격 속도인 4500 rpm까지 EEMF 기반 센서리스 제어 기법을 적용하여 가속을 진행하였다.

[그림 7.8(a)]에 나타난 바와 같이, 약 700 rpm 부근에서는 공진 현상으로 인해 추정된 회전자 위치와 속도 정보에 진동이 발생하지만, 능동 댐핑 제어가 적용되어 시스템이 안정화되며 공진 영역을 무리 없이 통과하였다. 이후 고속 영역에서는 EEMF 기반 센서리스 제어가 충분한

회전자 위치 추정 성능을 확보함으로써 시스템은 4500 rpm까지 안정적으로 가속이 수행되었다.

[그림 7.8(b)]는 동일한 시간축에서 마스터 전동기(PMSM 1)와 슬레이브 전동기(PMSM 2)의 고정자 전류를 나타낸다. 초기 I/F 제어 구간에서는 두 전동기의 고정자 전류가 높은 수준으로 유지되었으나, 이후 FOC 기반 제어인 EEMF 센서리스 제어 기법과 능동 댐핑 제어가 적용됨에 따라 전체 고정자 전류가 감소하였다. 이후 마스터 전동기의 부하가 증가함에 따라 마스터 전동기의 전류가 다시 증가하였으며, 해당 조건에서 가속이 진행됨에 따라 두 전동기의 전류 크기는 동일한 수준으로 유지되었다.

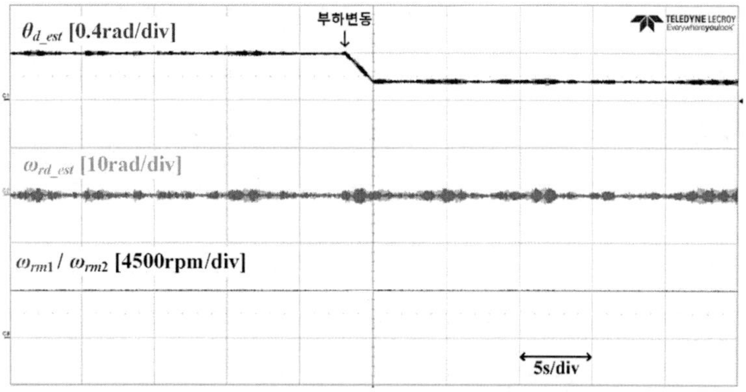

(a) 추정된 회전자 정보 및 실제 속도

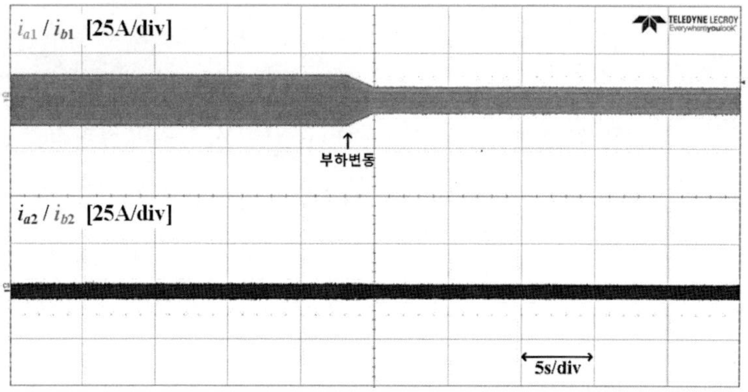

(b) 각 전동기의 고정자 전류

그림 7.9 센서리스 제어 중 정격속도에서의 부하 변경 실험 결과

[그림 7.9]는 정격 속도 4500 rpm에서 EEMF 기반 센서리스 제어를 적용한 상태에서의 부하 변경 실험 결과를 나타낸다. 초기 부하 조건은 마스터 전동기 5.5 Nm, 슬레이브 전동기 무부하로 설정하였다. 이후 정격 속도에서 EEMF 기반 센서리스 제어와 능동 댐핑 제어를 적용하여 속도 제어를 수행하는 동안 마스터 전동기의 부하를 2.2 Nm로 변경하였다.

[그림 7.9(a)]에서 확인할 수 있듯이, EEMF 기반 센서리스 제어는 부하 변동 과정에서도 안정적으로 회전자 정보를 추정하였으며, 이에 따라 회전자 위치 차이 역시 안정적으로 유지되었다. 이와 함께 능동 댐핑 제어의 성능 또한 안정적으로 보장되어, 부하 변동 상황에서도 전체 시스템의 제어 성능이 확보되었다.

[그림 7.9(b)]는 [그림 7.8(b)]와 동일하게 두 PMSM의 고정자 전류를 동일한 시간 축에서 나타낸다. 마스터 전동기의 경우, 토크 부하가 5.5 Nm에서 2.2 Nm로 감소함에 따라 고정자 전류가 변동 시점에서 함께 감소하여 이후 일정한 값을 유지하였다. 반면 슬레이브 전동기는 실험 전 구간에서 무부하 조건이 유지되므로, 고정자 전류 역시 초기값으로 유지되었다.

전반적으로, PMSM 기반 SIDM 구동 시스템은 기존의 단일 인버터-단일 전동기 구조에서 축적된 다양한 센서리스 제어 기법들을 적용할 수 있음을 실험적으로 확인하였다. 이는 SIDM 구조가 기본적으로 단일 전동기 시스템과 유사한 전압·전류 인가 특성을 공유하기 때문이다. 특히, I/F 제어와 EEMF 기반 센서리스 제어와 같이 비교적 단순하며 시스템 구조 변화에 따른 영향이 제한적인 제어 기법들은 SIDM 시스템에서도 효과적으로 구현될 수 있음을 검증하였다.

그러나 고주파 신호 주입 기반 센서리스 제어 기법과 같이 시스템의 전기적 특성에 직접적인 영향을 미치는 방식은 SIDM 구조에 적용할 때 주파수 성분의 간섭, 상호 결합 효과, 추가적인 불안정성 발생 가능성 등을 면밀히 검토해야 한다. 즉, 모든 센서리스 제어 기법이 동일한 조건에서 바로 적용될 수 있는 것은 아니며, 각 기법의 특성과 SIDM 시스템의 구조적 특성이 상호 작용하는 양상을 충분히 분석할 필요가 있다.

또한, SIDM 구동 시스템은 두 전동기가 병렬로 연결되어 동작하기 때문에 시스템 고유의 공진 영역이 존재하며, 부하 변화나 운전 속도 조건에 따라 전체 시스템의 안정성이 달라질 수 있다. 이러한 특성은 단일 전동기 시스템과 비교했을 때 보다 복잡한 동역학적 거동을 유발하며, 따라서 안정적인 센서리스 제어를 확보하기 위해서는 이와 관련된 고려사항들의 반영이 필요하다.

결과적으로, PMSM 기반 SIDM 구동 시스템에 센서리스 제어를 적용하기 위해서는 기존 기법의 단순한 이식에 그치지 않고, 구조적 특성에 따른 영향, 안정성 저하 요인, 그리고 부하·속도 조건 변화에 따른 제어 성능의 한계까지 종합적으로 고려해야 한다.

7.5 참고문헌

[1] S. Morimoto, K. Kawamoto, M. Sanada, and Y. Takeda, "Sensorless Control Strategy for Salient-Pole PMSM based on Extended EMF in Rotating Reference Frame," *IEEE Trans. Ind. Appl.*, vol. 38, no. 4, pp. 1054–1061, Jul./Aug. 2002.

[2] H. Sun, X. Zhang, X. Liu, and H. Su, "Adaptive Robust Sensorless Control for PMSM Based on Improved Back EMF Observer and Extended State Observer," *IEEE Trans. Ind. Electron.*, vol. 71, no. 12, pp. 16635–16643, Jun. 2024.

[3] G. Bi et al., "High-Frequency Injection Angle Self-Adjustment based Online Position Error Suppression Method for Sensorless PMSM Drives," *IEEE Trans. Power Electron.*, vol. 38, no. 2, pp. 1412–1417, Feb. 2023.

[4] F. Jiang et al., "Robustness Improvement of Model-Based Sensorless SPMSM Drivers Based on An Adaptive Extended State Observer and An Enhanced Quadrature PLL," *IEEE Trans. Power Electron.*, vol. 36, no. 4, pp. 4802–4814, Apr. 2021.

[5] K. Yu and Z. Wang, "Position Sensorless Control of IPMSM Using Adjustable Frequency Setting Square-Wave Voltage Injection," *IEEE Trans. Power Electron.*, vol. 37, no. 11, pp. 12973–12979, Nov. 2022.

[6] J. I. Itoh, N. Nomura, and H. Ohsawa, "A Comparison between V/F Control and Position-Sensorless Vector Control for the Permanent Magnet Synchronous Motor," in *Proc.*

Power Convers. Conf., 2002, pp. 1310–1315.

[7] D. Chen, K. Lu, D. Wang, and M. Hinkkanen, "I-F Control with Zero D-Axis Current Operation for Surface-Mounted Permanent Magnet Synchronous Machine Drives," *IEEE Trans. Power Electron.*, vol. 38, no. 6, pp. 7504–7513, Jun. 2023.

[8] Y. Lee, and J.-I. Ha, "Control Method for Mono Inverter Dual Parallel Surface-Mounted Permanent-Magnet Synchronous Machine Drive System," *IEEE Trans. Ind. Electron.*, vol. 62, no. 10, pp. 6096–6107, Oct. 2015.

[9] M. Seilmeier and B. Piepenbreier, "Sensorless Control of PMSM for The Whole Speed Range Using Two-Degree-of-Freedom Current Control and HF Test Current Injection for Low-Speed Range," *IEEE Trans. Power Electron.*, vol. 30, no. 8, pp. 4394–4403, Aug. 2015.

[10] Z. Zhang, "Sensorless Back EMF based Control of Synchronous PM and Reluctance Motor Drives-A Review," *IEEE Trans. Power Electron.*, vol. 37, no. 9, pp. 10290–10305, Sep. 2022.

[11] Y. Cho, K.-B. Lee, J.-H. Song, and Y. I. Lee, "Torque-Ripple Minimization and Fast Dynamic Scheme for Torque Predictive Control of Permanent Magnet Synchronous Motors," *IEEE Trans. Power Electron.*, vol. 30, no. 4, pp. 2182–2190, Apr. 2015.

[12] Z. Wang, K. Lu, and F. Blaabjerg, "A Simple Startup Strategy based on Current Regulation for Back-EMF-based Sensorless Control of PMSM," *IEEE Trans. Power Electron.*, vol. 27, no. 8, pp. 3817–3825, Aug. 2012.

[13] Y. Lee and J. Ha, "Analysis and Control of Mono Inverter Dual Parallel SPMSM Drive System," in Proc. *IEEE Energy Convers. Congr. Expo.*, 2014, pp. 4843–4849.

[14] C. Park and S. Doki, "Active Damping Control Method for Different Dual Parallel-SPMSM Systems with Single Inverter," *IEEJ Journal of Industry Applications*, 2023, Vol. 12, no. 1, pp. 73–83, Jan. 2023.

[15] Y. Wu, H. Li, L. Wang, and S. Yin, "Zero-Position Offset Calibration of PMSM based on I/f Control Strategy and Slide Mode Observer for Electric Power Steering System," *IEEE J. Emerg. Sel. Topics Power Electron.*, vol. 12, no. 2, pp. 2214–2225, 2024.

[16] S. V. Nair, K. Hatua, N. D. Prasad, and D. K. Reddy, "A Quick I-f Starting of PMSM Drive with Pole Slipping Prevention and Reduced Speed Oscillations," *IEEE Trans. Ind. Electron.*, vol.

68, no. 8, pp. 6650–6661, Aug. 2021.

[17] X. Song, J. Fang, B. Han, and S. Zheng, "Adaptive Compensation Method for High-Speed Surface PMSM Sensorless Drives of EMF-Based Position Estimation Error," *IEEE Trans. Power Electron.*, vol. 31, no. 2, pp. 1438–1449, Feb. 2016.

[18] G. Wang, T. Li, G. Zhang, X. Gui, and D. Xu, "Position Estimation Error Reduction using Recursive-Least-Square Adaptive Filter for Model-Based Sensorless Interior Permanent-Magnet Synchronous Motor Drives," *IEEE Trans. Ind. Electron.*, vol. 61, no. 9, pp. 5115–5125, Sep. 2014.

[19] G. Zhang, G. Wang, D. Xu, and N. Zhao, "ADALINE-Network-Based PLL for Position Sensorless Interior Permanent Magnet Synchronous Motor Drives," *IEEE Trans. Power Electron.*, vol. 31, no. 2, pp. 1450–1460, Feb. 2016.

[20] Y. Xu, C. Lin, J. Xing, Q. Zeng, and J. Sun, "I-f Starting Rapid and Smooth Transition Method of Full-Speed Sensorless Control for Low Current Harmonic Ultra-High-Speed PMSM," in Proc. *IEEE Appl. Power Electron. Conf. Expo.*, 2022, pp. 1820–1826.

[21] L. Ding, Y. W. Li, and N. R. Zargari, "Discrete-Time SMO Sensorless Control of Current Source Converter-Fed PMSM Drives with Low Switching Frequency," *IEEE Trans. Ind. Electron.*, vol. 68, no. 3, pp. 2120–2129, Mar. 2021.

[22] Y.-R. Lee and S.-K. Sul, "Switching Frequency Signal-Injection Sensorless Control in Dual Three-Phase PMSM Robust to Nonideal Characteristics of Inverter System," *IEEE Trans. Power Electron.*, vol. 39, no. 7, pp. 8540–8552, Jul. 2024.

[23] G. Wang, D. Xiao, G. Zhang, C. Li, X. Zhang, and D. Xu, "Sensorless Control Scheme of IPMSMs using HF Orthogonal Square-Wave Voltage Injection into a Stationary Reference Frame," *IEEE Trans. Power Electron.*, vol. 34, no. 3, pp. 2573–2584, Mar. 2019.

[24] A. Benevieri, A. Formentini, M. Marchesoni, M. Passalacqua, and L. Vaccaro, "Sensorless Control with Switching Frequency Square Wave Voltage Injection for SPMSM with Low Rotor Magnetic Anisotropy," *IEEE Trans. Power Electron.*, vol. 38, no. 8, pp. 10060–10072, Aug. 2023.

CHAPTER 08

PMSM 기반 SIDM 구동 시스템의 동손 최소화 기법

PMSM 기반 SIDM 구동 시스템의 실제 응용에서는 높은 시스템 효율을 확보하는 것이 매우 중요하다. 그러나 별도의 동손(Copper loss) 최소화 전략이 적용되지 않을 경우, 이러한 시스템의 효율은 크게 저하될 수 있다. 특히 SIDM 구동 시스템은 단일 전동기 시스템과 달리, 두 전동기의 회전자 자속에 대해 고정자 자속을 동시에 직교 정렬하기 어렵다는 구조적 특성을 지니고 있다. 이로 인해 동손을 최소화하기 위한 제어 전략의 설계가 매우 까다롭다.

이러한 문제를 해결하기 위해, 기존 연구에서는 SPMSM 기반의 SIDM 구동 시스템을 대상으로 최대 토크 전류비(Maximum torque per ampere, MTPA) 제어 원리에 기반한 다양한 동손 최소화 기법들이 제안되어 왔다. MTPA 제어는 주어진 토크를 생성하기 위해 필요한 전류의 크기를 최소화함으로써, 결과적으로 동손을 감소시키는 효과를 가진다. 그러나 대부분의 기존 방법은 SPMSM에 한정되어 있으며, IPMSM 시스템에 적용하기에는 한계가 존재한다.

본 연구에서는 이러한 기존 접근법의 개념을 확장하여, 예측 전류 선정(Predictive current selection) 방식을 기반으로 한 새로운 동손 최소화 기법을 IPMSM 기반 SIDM 구동 시스템에 적용한다. 제안된 방법은 다음 제어 주기에서 발생할 동손을 예측하기 위해 세 가지 후보 d축 전류에 대해 각각의 동손을 계산하고, 이 중 예측된 동손이 최소가 되는 전류를 선택한다. 또한 기존 방법들이 최적점 근처에서도 고정된 전류 스텝을 사용하는 데 반해, 제안된 기법은 최적점 부근에서 후보 전류 간격을 점진적으로 세분화함으로써 보다 정밀한 탐색이 가능하도록 한다.

제안된 방법은 PSIM 시뮬레이션 및 실험을 통해 그 유효성이 검증되었으며, 복잡한 수학적 계산이 요구되는 라그랑주 승수법(Lagrange multiplier method) 기반 접근법보다 구현이 단순하여 실제 산업 응용 환경에서도 높은 실용성과 안정적인 제어 성능을 제공한다.

이 장의 구성은 다음과 같다. 8.1절에서는 제안 기법의 수학적 기반을 마련하기 위해 IPMSM 기반 SIDM 구동 시스템의 전압 방정식과 두 전동기 간 전압 연계식을 d-q 좌표계에서 정식화하고, 이후 최적화 및 예측 알고리즘에 필요한 변수와 계수를 정의한다. 8.2절에서는 본 장의 핵심인 예측 전류 선택 기반 동손 최소화 기법을 제시하며, 제어 알고리즘의 구조와 동작 원리를 상세히 설명한다. 8.3절에서는 다양한 부하 및 속도 조건에서 수행된 PSIM 시뮬레이션 결과를 통해 제안 기법의 효율성과 기존 방식 대비 성능 향상 효과를 정량적으로 분석한다. 마지막으로 8.4절에서는 동일 조건에서 수행된 실험 결과를 제시하여, 파라미터 변동과 비이상 요소가 존재하는 실제 환경에서도 제안 기법이 안정적으로 동작하며 동손을 효과적으로 저감함을 검증한다.

8.1 IPMSM 기반 SIDM 구동 시스템의 모델링

이 절에서는 동손 최소화 기법을 설명하기 위한 IPMSM 기반 SIDM 구동 시스템의 수학적 모델링을 제시한다.

정상 상태에서 회전자 자속을 기준으로 한 $d-q$축 좌표계에서의 IPMSM의 전압 방정식은 식 (7.1)과 같이 표현된다. 이를 각각의 전동기에 대해 표현하면 식 (8.1)과 같이 나타낼 수 있다.

$$\begin{bmatrix} v_{dk} \\ v_{qk} \end{bmatrix} = \begin{bmatrix} R_k & -\omega_{rk}L_{qk} \\ \omega_{rk}L_{dk} & R_k \end{bmatrix} \begin{bmatrix} i_{dk} \\ i_{qk} \end{bmatrix} + \omega_{rk}\phi_{fk} \begin{bmatrix} 0 \\ 1 \end{bmatrix} \tag{8.1}$$

여기서 아래첨자 1과 2는 각각 IPMSM 1과 IPMSM 2를 의미하며 각각의 전동기는 마스터 전동기와 슬레이브 전동기로 선정된다. R_k, ω_{rk}는 각각 IPMSM k의 고정자 저항과 각속도를 의미한다. ϕ_{fk}와 L_{dk}, L_{qk}는 각각 IPMSM k의 영구자석의 쇄교자속과 $d-q$축 인덕턴스를 나타낸다.

IPMSM 기반 SIDM 구동 시스템은 단일 인버터가 두 개의 병렬로 연결된 전동기에 동일한 전압을 공급하는 구조로 되어 있으며, 마스터-슬레이브 제어 구조에 기반한다. 이 구성에서 마스터 전동기의 전류와 속도는 직접 제어되고, 슬레이브 전동기는 동일한 전압을 인가받음으로써 간접적으로 제어된다.

이때 두 전동기 사이의 전압 관계는 다음과 같이 표현된다.

$$\begin{bmatrix} v_{d2} \\ v_{q2} \end{bmatrix} = \begin{bmatrix} \cos\theta_{rd} & \sin\theta_{rd} \\ -\sin\theta_{rd} & \cos\theta_{rd} \end{bmatrix} \begin{bmatrix} v_{d1} \\ v_{q1} \end{bmatrix} \tag{8.2}$$

여기서 θ_{r1}과 θ_{r2}는 각각 마스터 전동기와 슬레이브 전동기의 전기적 회전자 위치를 나타내며, θ_{rd}는 두 전동기 간의 전기적 회전자 위치 차이로, $\theta_{rd} = \theta_{r2} - \theta_{r1}$로 정의된다.

8.2 예측 전류 선정 기반의 동손 최소화 기법

이 절에서는 [표 8.1]에 제시된 것과 동일한 마스터 및 슬레이브 전동기 파라미터를 가정하고, 동손을 최소화하기 위한 제안된 예측 전류 선정(Predictive current selection) 기법을 소개한다. 또한 IPMSM 기반 SIDM 구동 시스템의 안정적인 운전을 위한 능동 댐핑 제어기를 포함하는 전체 제어기 구조도 함께 제시된다.

[표 8.1] PMSM의 파라미터

파라미터	값
정격 용량	2.6 [kW]
정격 토크	5.5 [Nm]
정격 속도	4500 [rpm]
고정자 저항	0.364 [Ω]
d축 인덕턴스	9.46 [mH]
q축 인덕턴스	11.85 [mH]
영구자석 쇄교자속	0.138 [Wb]

1 예측 전류 기반의 지령 선정

마스터 전동기의 전류는 직접적으로 제어되며, 슬레이브 전동기의 전류는 식 (8.1)과 (8.2)로부터 유도된 전류 관계식을 기반으로 식 (8.3)을 통하여 간접적으로 제어된다.

$$\begin{bmatrix} i_{d2} \\ i_{q2} \end{bmatrix} = \begin{bmatrix} M_a & M_b \\ M_c & M_d \end{bmatrix} \begin{bmatrix} i_{d1} \\ i_{q1} \end{bmatrix} + \begin{bmatrix} N_a \\ N_b \end{bmatrix} \tag{8.3}$$

식 (8.3)의 관련 계수들은 식 (8.4)부터 (8.10)까지의 관계를 통해 정의된다.

$$M_a = [Z_s \cos\theta_{rd} + R_1 \omega_{r1} L_{\triangle 1} \sin\theta_{rd}] / Z_s \tag{8.4}$$

$$M_b = Z_b \sin\theta_{rd} / Z_s \tag{8.5}$$

$$M_c = - Z_a \sin\theta_{rd} / Z_s \tag{8.6}$$

$$M_d = [Z_s \cos\theta_{rd} - R_1 \omega_{r1} L_{\triangle 1} \sin\theta_{rd}] / Z_s \tag{8.7}$$

$$N_a = \omega_{r1} \phi_{f1} [R_1 \sin\theta_{rd} + \omega_{r1} L_{q1} (\cos\theta_{rd} - 1)] / Z_s \tag{8.8}$$

$$N_b = [\omega_{r1} \phi_{f1} (R_1 \cos\theta_{rd} - \omega_{r1} L_{d1} \sin\theta_{rd}) - \omega_{r1} \phi_{f1} R_1] / Z_s \tag{8.9}$$

$$Z_s = R_1^2 + \omega_{r1}^2 L_{d1} L_{q1} \tag{8.10}$$

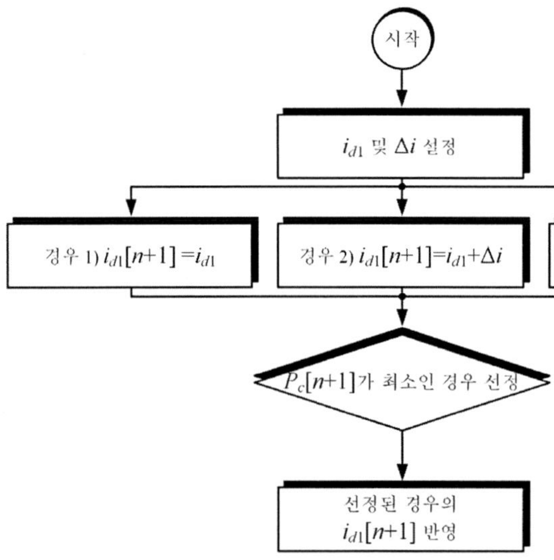

그림 8.1 제안된 알고리즘의 흐름도

여기서 $L_{\triangle 1}$ 및 $L_{\triangle 2}$는 각각 IPMSM 1, 2의 $d-q$축 인덕턴스 차이를 의미한다. [그림 8.1]은 제안된 알고리즘의 흐름도를 보여준다. 이 알고리즘은 제어 주기마다 마스터 전동기의 d축 전류 기준을 유지, 증가, 감소시키는 세 가지 후보 중 하나를 선택함으로써 전류를 조정한다.

$$Candidate\ set\begin{cases} i_{d1}[n+1]=i_{d1} \\ i_{d1}[n+1]=i_{d1}+\triangle i \\ i_{d1}[n+1]=i_{d1}-\triangle i \end{cases} \tag{8.11}$$

즉, d축 전류는 현재 값에서 $\triangle i$만큼 증가하거나 감소하거나 그대로 유지되며, $n+1$은 다음 제어 주기의 예측 상태를 의미한다. 다음 제어 주기에서의 예측 동손 P_c는 각 후보 전류에 대해 계산되어 비교된다.

$$P_c[n+1]=\frac{3}{2}R_1(i_{d1}^2[n+1]+i_{q1}^2[n+1]+i_{d2}^2[n+1]+i_{q2}^2[n+1]) \tag{8.12}$$

토크 방정식과 전류 관계를 기반으로, $i_{q1}[n+1]$, $i_{d2}[n+1]$, $i_{q2}[n+1]$은 각각 마스터 및 슬레이브 전동기의 토크 궤적에 따라 계산된다.

$$i_{q1}[n+1]=\frac{T_{e1}^*}{\frac{3}{4}P[\phi_{f1}+L_{\triangle 1}i_{d1}[n+1]]} \tag{8.13}$$

$$i_{d2}[n+1]=M_a i_{d1}[n+1]+M_b i_{q1}[n+1]+N_a \tag{8.14}$$

$$i_{q2}[n+1]=\frac{T_{e1}^*}{\frac{3}{4}P[\phi_{f1}+L_{\triangle 1}i_{d2}[n+1]]}=\frac{\frac{3}{4}P(\phi_{f1}+L_{\triangle 1}i_{d2})i_{q2}}{\frac{3}{4}P[\phi_{f1}+L_{\triangle 1}i_{d2}[n+1]]} \tag{8.15}$$

여기서 T_{e1}*은 마스터 전동기의 지령 토크를 의미한다. $i_{d2}[n+1]$을 예측할 때, θ_{rd}와 ω_r은 고정자 전류에 비해 변화가 느리므로, M_a, M_b, N_a 등의 계수는 상수로 취급된다.

2 동손 최소화를 위한 단계 조정

전류 증분 $\triangle i$는 동손 P_c를 i_{d1}에 대해 미분한 값의 크기에 비례하도록 설계된다. 즉, $\triangle i=k_c\times|dP_c/di_{d1}|$의 형태로 정의된다.

$$\triangle i = k_c \left| \frac{dP_c}{di_{d1}} \right| \tag{8.16}$$

여기서 k_c는 시스템 성능에 따라 경험적으로 조정되는 비례 이득이다. P_c의 i_{d1}에 대한 미분식은 식 (8.17)과 같이 표현된다.

$$\frac{dP_c}{di_{d1}} = 3R_1 \left[i_{d1} + i_{q1}\frac{di_{q1}}{di_{d1}} + i_{d2}\frac{di_{d2}}{di_{d1}} + i_{12}\frac{di_{d2}}{di_{d1}}\frac{di_{q2}}{di_{d2}} \right] \tag{8.17}$$

두 전동기가 안정적으로 제어된다고 가정하면, 토크 T_{e1}과 T_{e2}의 변화는 무시할 수 있다. 이로부터 식 (8.18)의 관계가 유도된다.

$$K_{D1} = \frac{di_{q1}}{di_{d1}} = \frac{-L_{\triangle 1} i_{q1}}{\phi_{f1} + L_{\triangle 1} i_{d1}},\ K_{D2} = \frac{di_{q2}}{di_{d2}} = \frac{-L_{\triangle 1} i_{q2}}{\phi_{f1} + L_{\triangle 1} i_{d2}} \tag{8.18}$$

식 (8.17)과 식 (8.18)의 결합으로부터, i_{d1}에 대한 P_c의 미분식은 식 (8.19)와 같이 정리된다.

$$\frac{dP_c}{di_{d1}} = 3R_1 [i_{d1} + i_{q1}K_{D1} + i_{d2}(M_a + M_b K_{D1}) + i_{q2}(M_a + M_b K_{D1})K_{D2}] \tag{8.19}$$

식 (8.3)에 의해 i_{d2}의 i_{d1}에 대한 미분식은 식 (8.20)으로 정의된다.

$$\frac{di_{d2}}{di_{d1}} = M_a + M_b K_{D1} \tag{8.20}$$

시스템이 최소 동손 지점에 접근할수록 dP_c/di_{d1} 값은 0에 가까워지고, 이에 따라 $\triangle i$도 0으로 수렴한다. 이 메커니즘은 전류 기준이 발산하지 않도록 하면서 최적점으로 수렴하도록 유도한다. 즉, 최적점 부근에서는 단계 크기가 점차 감소하여 해상도가 높아지고, 별도의 종료 조건 없이도 미세한 수렴이 가능하다.

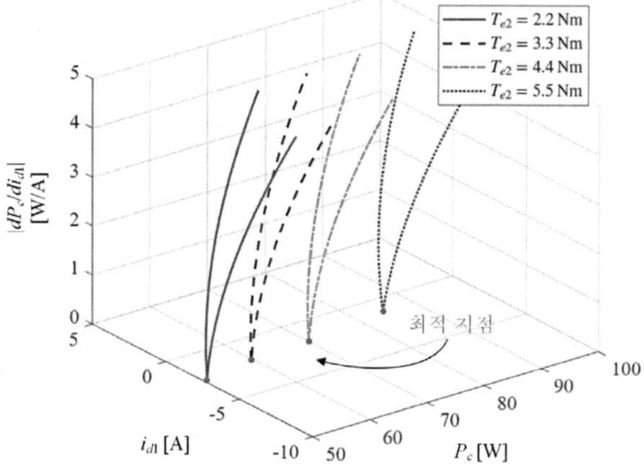

그림 8.2 P_c, i_{d1}, dP_c/di_{d1}의 그래프 궤적

[그림 8.2]는 P_c, i_{d1}, dP_c/di_{d1}의 관계를 나타낸다. 이때 마스터 전동기의 토크 T_{e1}은 1 p.u., 슬레이브 전동기의 토크 T_{e2}는 0.4, 0.6, 0.8, 1 p.u.로 설정되었으며, 속도는 0.5 p.u.이다. 이는 제안된 알고리즘의 일반적인 성능을 평가하기에 적절한 중간 운전 조건을 나타낸다. 그래프에서 기울기(dP_c/di_{d1})는 최적점에서 0이 되는 것을 확인할 수 있다. 제안된 알고리즘에서는 이 미분값이 Δi를 결정하며, 과도하게 큰 전류 스텝으로 인해 전압 포화나 오버슈트가 발생하지 않도록 제한한다. 반대로, Δi가 너무 작아 노이즈에 묻히거나 최적점 도달 시간이 과도하게 길어지지 않도록 하여 효율적인 수렴을 유도한다.

3 Lyapunov 기반 안정성 분석

동손 P_c는 Lyapunov 후보 함수(Candidate function)로 간주되며, $V[n] = P_c[n]$으로 정의된다. 알고리즘은 각 반복 주기마다 $i_{d1}[n+1]$을 이산적인 후보 집합에서 선택하여 P_c를 최소화하므로, 시퀀스 $\{V[n]\}$은 단조 감소(Non-increasing)하며, 0 이상으로 하한이 존재한다. 따라서 단조 수렴 정리에 의해 $V[n]$은 유한한 값 V^*로 수렴하며, i_{d1}은 동손이 국소 최소가 되는 점에 접근한다. 즉, 제안된 알고리즘은 Lyapunov 안정성 조건을 만족한다.

또한 Lyapunov 함수가 전류 제곱항으로 구성되어 있으므로, V의 수렴은 각 전류 성분(i_{d1}, i_{q1}, i_{d2}, i_{q2})이 유한한 범위 내에서 제한됨을 의미한다. 따라서 제안된 알고리즘은 Lyapunov 안정성 기준을 충족하며, 이는 식 (8.21)로 표현된다.

$$Criterion\begin{cases} V[n] \geq 0 \\ V[n] \geq V[n+1] \\ \lim\limits_{n\to\infty} V[n] = V^{*} \end{cases} \tag{8.21}$$

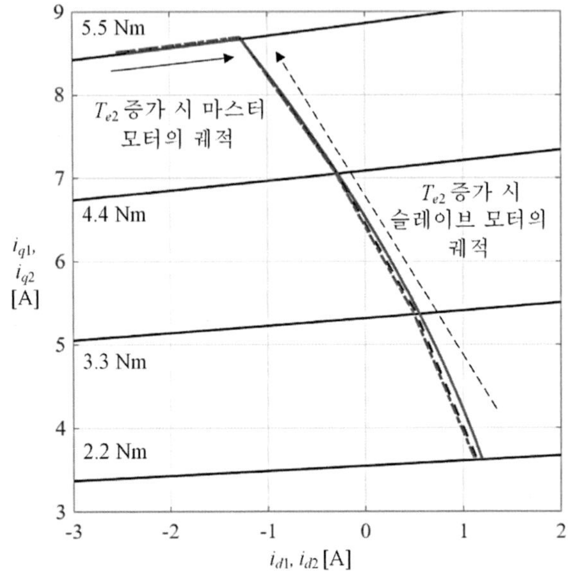

그림 8.3 마스터 및 슬레이브 전동기의 전류 궤적

[그림 8.3]은 0.5 p.u. 속도 조건에서의 마스터 및 슬레이브 전동기의 전류 궤적을 나타낸다. 마스터 전동기의 토크 T_{e1}은 1 p.u.로 고정되어 있고, 슬레이브 전동기의 토크 T_{e2}는 0.4 p.u.에서 1 p.u.까지 증가한다. 제어 알고리즘은 [표 8.1]의 파라미터 또는 L_d, L_q, ϕ_f 값을 ±10% 변화시킨 외란 조건에서 수행되었다. 실선은 명목 파라미터 조건을, 넓은 간격 점선은 +10% 조건을, 좁은 간격 점선은 -10% 조건을 나타낸다. 마스터 전동기의 궤적은 1 p.u.의 일정한 토크 곡선을 따르며, 슬레이브 전동기의 궤적은 T_{e2}가 증가함에 따라 마스터 전동기의 궤적에 수렴한다. 전동기 파라미터에 따라 최적 운전점은 약간 달라지지만, 제안된 알고리즘은 안정적인 수렴 특성을 보인다. 최적 전류 크기의 오차는 기준값 대비 약 6.7% 이내로 유지된다.

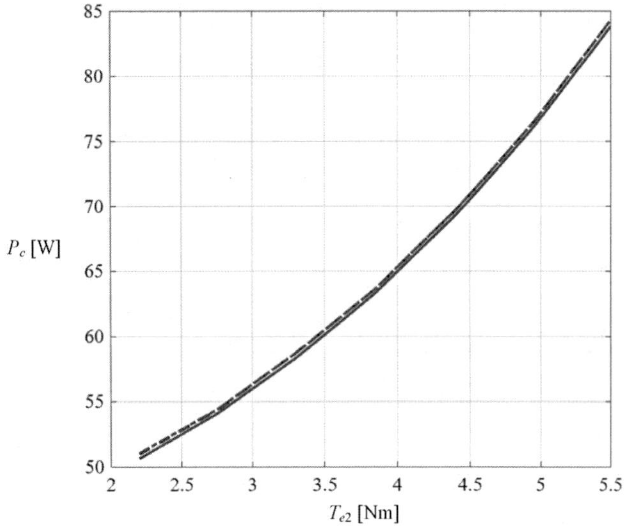

(a)

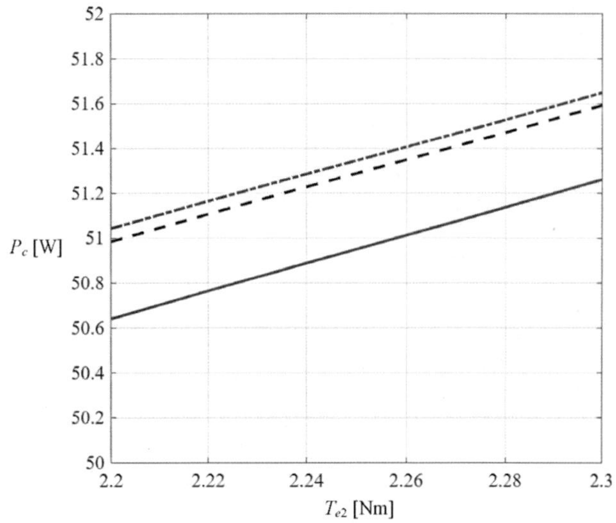

(b)

그림 8.4 파라미터 변동에 따른 동손 변화

[그림 8.4]는 L_d, L_q, ϕ_f를 ±10% 변동시켰을 때의 동손 변화를 나타낸다. 실선, 좁은 간격 점선, 넓은 간격 점선은 각각 명목, 감소, 증가된 파라미터 조건을 의미한다. T_{e1}은 1 p.u.로 고정되어 있으며, T_{e2}는 0.4 p.u.에서 1 p.u.까지 변화한다. 모든 조건에서 P_c는 T_{e2}가 증가함

에 따라 증가하며, [그림 8.3]에서 가장 큰 궤적 편차가 나타나는 T_{e2}=0.4 p.u. 부근을 [그림 8.4(b)]에 확대하여 나타냈다. 파라미터 불일치가 존재함에도 불구하고 동손은 기준 조건과 유사한 수준으로 유지되며, 최대 오차는 0.8% 이내로 제한된다.

4 시스템의 전체 제어구조

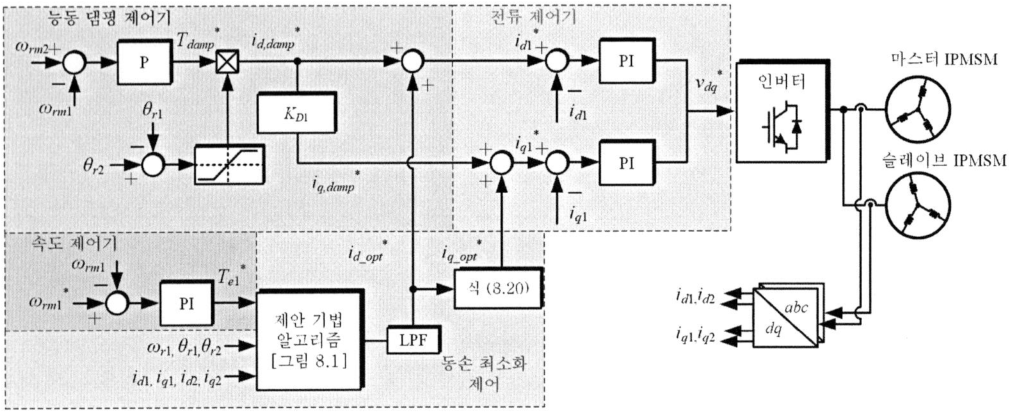

그림 8.5 IPMSM 기반 SIDM 구동 시스템의 제어 블록 다이어그램

[그림 8.5]는 IPMSM 기반 SIDM 구동 시스템의 제어 블록 다이어그램을 나타낸다. 본 연구에서는 두 전동기 간 속도 동기화를 유지하여 시스템 안정성을 확보하기 위해 능동 댐핑 구조를 적용하였다. 제안된 동손 최소화 알고리즘은 능동 댐핑 제어 구조로 동작되는 시스템 상에서 동손을 최소화하는 기능을 수행한다.

능동 댐핑 제어기는 T_{damp}를 생성하며, 이는 선형화된 전기적 회전자 위치 차 θ_{rd}에 곱해져 d축 댐핑 지령 전류 $i_{d,damp}$를 생성한다. 또한, $i_{d,damp}$에 의해 발생하는 마스터 전동기의 토크 리플을 감소시키기 위해 q축 댐핑 지령 전류 $i_{d,damp}$가 필요하며, $i_{d,damp}{}^* = K_{D1} \times i_{d,damp}{}^*$로 정의된다.

속도 제어기는 기계적 각속도 ω_{rm}과 마스터 전동기의 기준 기계적 각속도 ω_{rm1}을 이용하여 기준 토크 T_{e1}를 생성한다. 제안된 알고리즘은 $i_{d1}[n+1]$을 생성하며, 저역통과필터를 통해 고주파 성분 $i_{d,damp}$를 분리한다. 필터링된 전류 i_{d_opt}는 IPMSM의 토크 방정식을 이용하여 최적 q축 전류 $i_{d\_opt}{}^*$ 를 계산하는 데 사용된다.

$$i_{q\_opt}{}^{*} = \frac{T_{e1}^{*}}{\frac{3}{4}P[\phi_{f1} + L_{\triangle 1} i_{d\_opt}{}^{*}]} \tag{8.20}$$

이렇게 얻어진 최적 지령 전류(i_{d_opt}*, i_{q_opt}*)와 댐핑 지령 전류($i_{d,damp}$*, $i_{q,damp}$*)를 합성하여 최종적인 d축 및 q축 지령 전류(i_{d1}*, i_{q1}*)를 생성하며, 이를 통해 인버터 지령 전압 v_{dq}*가 결정된다.

8.3 시뮬레이션

제안된 동손 최소화 기법은 PSIM 시뮬레이션을 통해 검증되었다. 시뮬레이션 결과, 제안된 방법이 다양한 부하 조건에서 동손을 효과적으로 감소시킴을 확인하였다.

[그림 8.6]은 마스터 전동기의 부하를 1 p.u.로 일정하게 유지한 상태에서, 슬레이브 전동기의 부하를 각각 0.4 p.u., 0.6 p.u., 0.8 p.u., 1 p.u.로 설정한 조건을 보여준다. 이러한 각 조건에서의 전동기 전류와 P_c의 변화는 [그림 8.6(a)]부터 [그림 8.6(d)]에 각각 나타나 있다. 모든 시뮬레이션은 0.5 p.u. 속도 조건에서 수행되었다. 각 서브플롯의 녹색 수직선은 제안된 알고리즘이 활성화되는 시점을 나타낸다.

i_{d1}이 0 A에서부터 점진적으로 조정됨에 따라, 두 전동기의 전체 전류 제곱합이 감소하였으며, 그 결과 동손이 각각 약 11%, 7.8%, 4.5%, 2.2% 감소하였다. 모든 조건에서 P_c는 기존 MTPA 방식인 라그랑주 승수법으로부터 도출된 이론적 최적값에 수렴하였다. P_c가 최소값에 접근함에 따라, 전류 증분 $\triangle i$는 점차 감소하여 i_{d1}의 미세한 조정이 가능해지고, 이로써 최적점 근처에서 탐색 해상도가 향상된다.

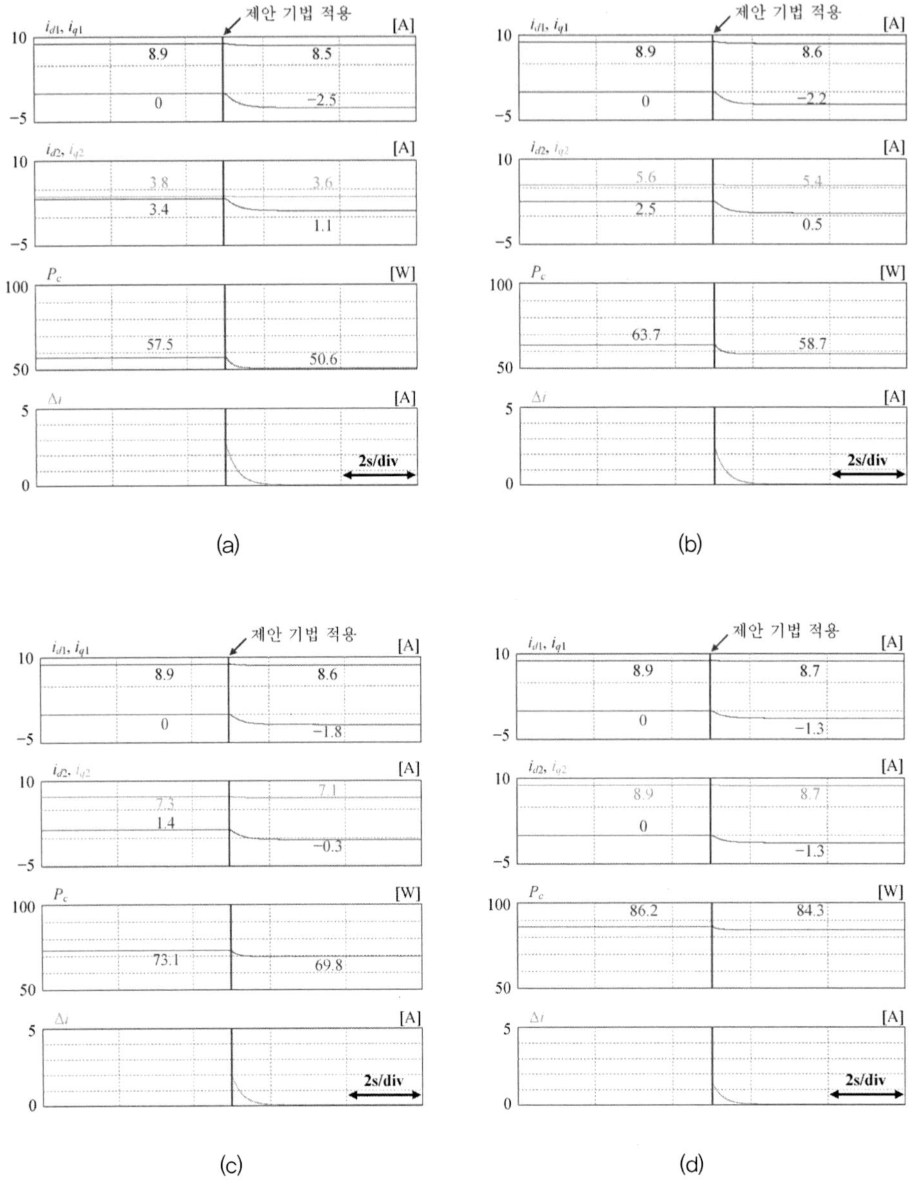

그림 8.6 마스터 전동기의 부하를 1 p.u.로 설정한 시뮬레이션 결과

8.4 실험결과

제안된 방법은 두 개의 2.6 kW IPMSM을 이용한 실험을 통해 검증되었다. 시뮬레이션 결과와 실험결과 간의 차이는 파라미터 변동, 모델링 과정에서 반영되지 않은 동특성, 실제 시스템에서 발생하는 추가적인 손실 등에 기인한다.

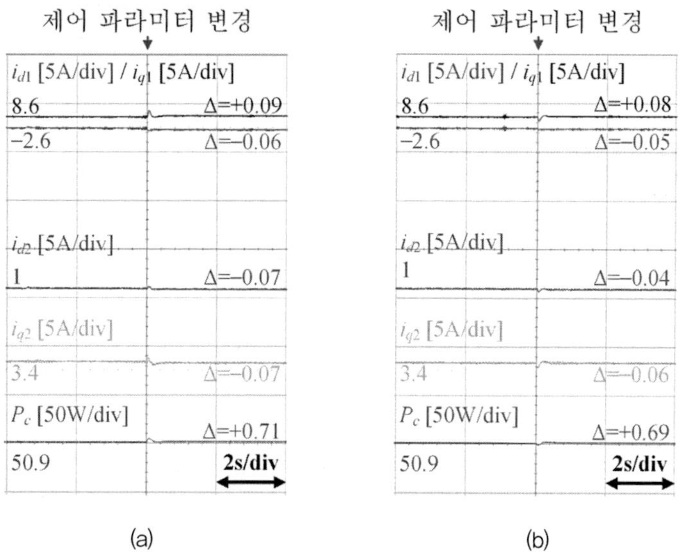

그림 8.7 마스터 전동기의 부하를 1 p.u., 슬레이브 전동기의 부하를 0.4 p.u.로 설정한 경우의 실험 결과

[그림 8.7]은 [그림 8.4]의 조건을 기반으로 한 실험 검증 결과를 보여준다. 마스터 전동기와 슬레이브 전동기의 부하는 각각 1 p.u.와 0.4 p.u.로 설정되었으며, 속도는 0.5 p.u.이다. 제안된 동손 최소화 알고리즘은 기본 제어 방식으로 적용되었으며, 제어 파라미터 L_d, L_q, ϕ_f를 ±10% 범위로 변화시키며 수행되었다. 이를 통해 제안된 방법의 파라미터 불일치에 대한 강인함이 검증되었다.

[그림 8.7(a)]는 기준값에서 제어 파라미터를 10% 감소시킨 경우를 나타낸다. 기준 조건에서 i_{d1}은 −2.6 A, i_{q1}은 8.6 A, i_{d2}는 1 A, i_{q2}는 3.4 A이며, Pc는 50.9 W였다. 측정된 결과에서는 i_{q1}이 0.09 A 증가하고, i_{d1}은 0.06 A 감소했으며, i_{d2}와 i_{q2}는 각각 0.07 A 감소하였다. 그 결과 P_c는 0.71 W 증가하여 약 1.4% 상승하였다. [그림 8.7(b)]는 기준값에서 제어 파라미터를

10% 증가시킨 경우로, 측정된 전류는 i_{d1}=−2.65 A, i_{q1}=8.68 A, i_{d2}=0.96 A, i_{q2}=3.34 A이다. 기준 조건과 비교했을 때 전류의 변화량은 매우 작으며, P_c는 50.9 W에서 51.59 W로 소폭 증가하여 약 1.36% 상승하였다. 이러한 미세한 성능 저하에도 불구하고, 제안된 방법은 파라미터 불일치 조건에서도 효과적인 동손 최소화 성능을 유지하였다.

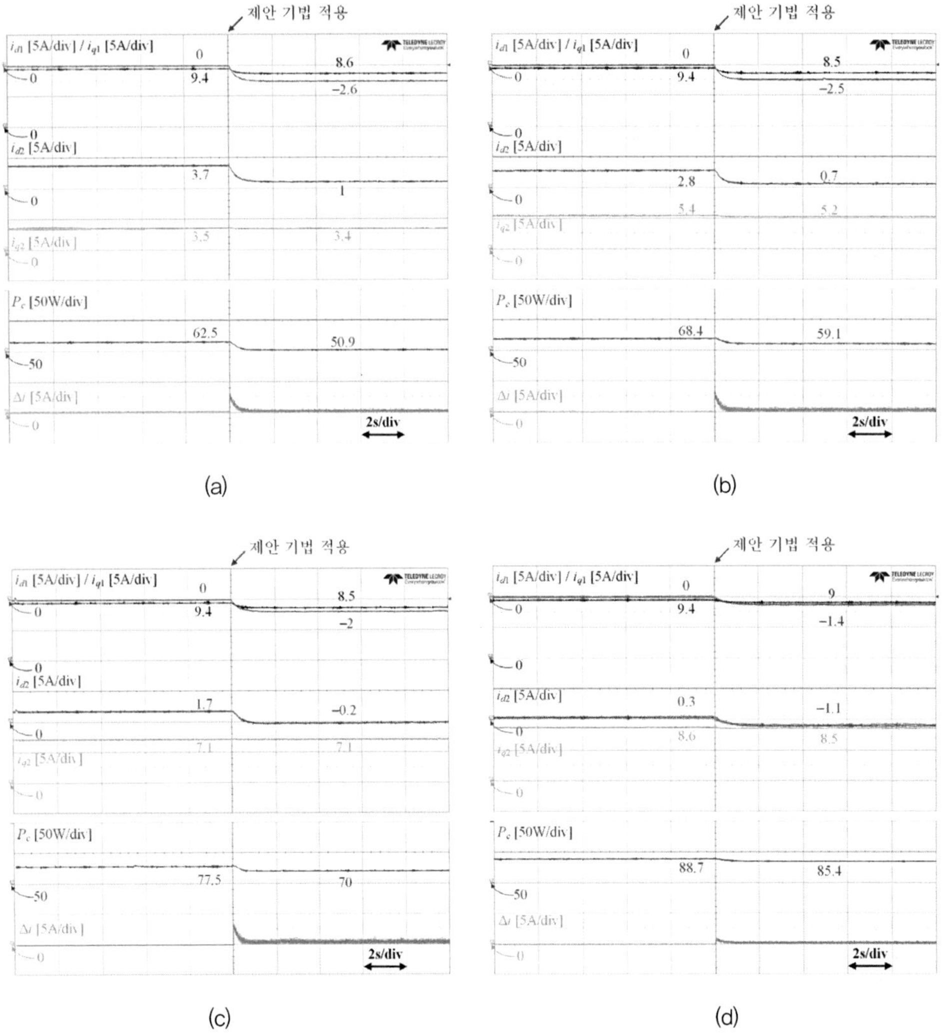

(a) (b) (c) (d)

그림 8.8 마스터 전동기의 부하를 1 p.u.으로 설정하고 슬레이브 전동기의 부하를 변경한 실험 결과

[그림 8.8]은 마스터 전동기의 부하를 1 p.u.로 고정한 상태에서, 슬레이브 전동기의 부하를 각각 0.4 p.u., 0.6 p.u., 0.8 p.u., 1 p.u.로 설정하였을 때의 실험 결과를 [그림 8.8(a)]부터 [그림

8.8(d)]까지에 나타낸 것이다. 모든 실험은 0.5 p.u. 속도에서 수행되었다. 모든 경우에서 i_{d1}이 0 A에서부터 조정되면서 마스터와 슬레이브 전동기의 전체 전류 제곱합이 감소하였으며, 이에 따라 P_c가 각각 약 18.6%, 13.6%, 9.7%, 3.7% 감소하였다. 이러한 결과는 이론적으로 도출된 최적값과 매우 근접하게 나타났다. 미세한 오차가 존재하지만, 실험결과는 시뮬레이션과 유사한 경향을 보였으며, 제안된 방법이 다양한 부하 조건에서도 효과적으로 동작함을 확인할 수 있었다.

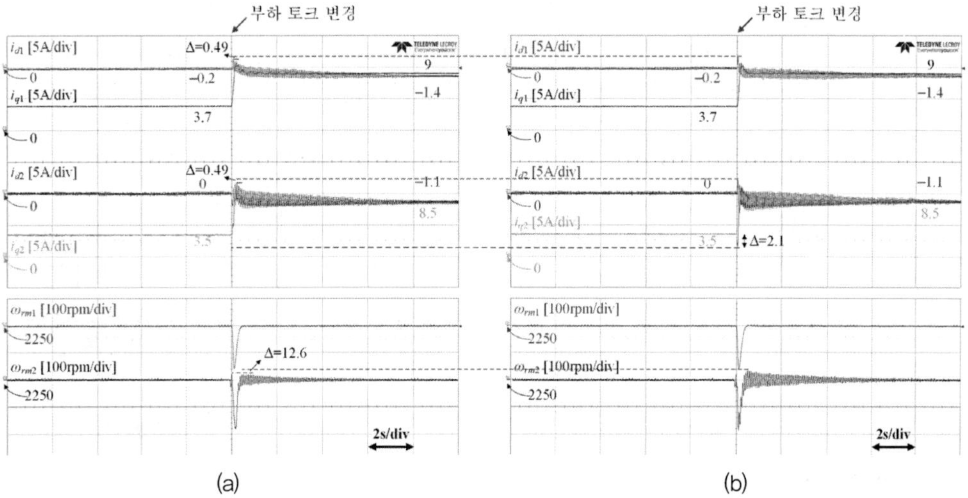

그림 8.9 기존 기법과 제안하는 기법의 부하 변동 실험 결과

[그림 8.9]는 IPMSM 기반 SIDM 구동 시스템의 동손 최소화를 다룬 기존 기법과 제안된 방법을 비교한 결과를 보여준다. 두 전동기의 부하를 0.4 p.u.에서 1.0 p.u.로 동시에 변화시키는 급격한 부하 변동 조건에서, 제안된 방법의 안정성과 과도 응답 특성을 검증하였다. 실험은 0.5 p.u. 속도에서 수행되었으며, [그림 8.9(a)]는 제안된 방법을, [그림 8.9(b)]는 기존 방식인 라그랑주 승수법 기반 방식을 나타낸다. 부하 변동 전, 측정된 P_c는 이론적 최소값(13.9 W) 대비 약 2% 높은 14.2 W로 두 방법 모두 유사한 결과를 보였다. 그러나 부하 변동 시, [그림 8.9(a)]에서는 작은 과도응답과 빠른 정착시간(Settling time)으로 속도 동기화를 유지하면서 이론적 최소 동손 값을 지속적으로 추종하였다. 반면 [그림 8.9(b)]에서는 슬레이브 q축 전류에서 더 큰 리플과 지속적인 진동이 발생하였으며, 전체적으로 더 큰 전류 변동을 보였다. [그

림 8.9]의 결과는 제안된 방법이 기존 방법에 비해 리플이 적고 과도 응답 특성이 우수하며, 급격한 부하 변화 조건에서도 이론적인 효율 목표를 안정적으로 유지함을 보여준다.

8.5 참고문헌

[1] Y. Lee, and J.-I. Ha, "Control Method for Mono Inverter Dual Parallel Surface-Mounted Permanent-Magnet Synchronous Machine Drive System," *IEEE Trans. Ind. Electron.*, vol. 62, no. 10, pp. 6096–6107, Oct. 2015.

[2] Y. Lee and J. Ha, "Analysis and Control of Mono Inverter Dual Parallel SPMSM Drive System," in Proc. IEEE Energy Convers. Congr. Expo., 2014, pp. 4843–4849.

[3] C. Park and S. Doki, "Active Damping Control Method for Different Dual Parallel-SPMSM Systems with Single Inverter," *IEEJ Journal of Industry Applications*, 2023, Vol. 12, no. 1, pp. 73–83, Jan. 2023.

[4] H.-W. Lee, G.-J. Nam, and K.-B. Lee, "Simple Speed Control Strategy for a Mono-Inverter Dual Parallel Permanent Magnet Synchronous Motor Drive System," *IEEE J. Emerg. Sel. Topics Power Electron.*, vol. 13, no. 2, pp. 2580–2589, Apr. 2025.

[5] T.-I. Yeam and D.-C. Lee, "Design of Sliding-Mode Speed Controller with Active Damping Control for Single-Inverter Dual-PMSM Drive Systems," *IEEE Trans. Power Electron.*, vol. 36, no. 5, pp. 5794–5801, May 2021.

[6] Y. Lee and J.-I. Ha, "Minimization of Stator Currents for Mono Inverter Dual Parallel PMSM Drive System," *Int. Power Electron. Conf.*, 2014, pp. 3140–3144.

[7] Y. Lee and J.-I. Ha, "Control Method for Mono Inverter Dual Parallel Surface-Mounted Permanent-Magnet Synchronous Machine Drive System," *IEEE Trans. Ind. Electron.*, vol. 62, no. 10, pp. 6096–6107, Oct. 2015.

[8] I. Spina, G. Brando, and A. Cervone, "A Perturb-and-Observe Based MTPA Algorithm for Mono-Inverter Multi PMSM Electric Drives," *Int. Symp. Power Electron., Electr. Drives, Autom. Motion*, 2024, pp. 169–177.

[9] J.-S. Kim and K.-B. Lee "MTPA Control Using Predictive P&O Method for Dual Parallel Surface-Mounted Permanent Magnet Synchronous Motor Drives Fed by a Single Inverter," in *Proc. 2025 IEEE Appl. Power Electron. Conf. Expo. (APEC)*, Atlanta, GA, USA, 2025, pp. 925–929.

[10] T. Liu, M. Fadel, J. Li, and X. Ma, "A MTPA Control Strategy for Mono-Inverter Multi-PMSM System," *IEEE Trans. Power Electron.*, vol. 36, no. 6, pp. 7165–7177, Jun. 2021.

[11] T. Liu, Z. Liu, F. Zhu, and Z. Mao, "Dual Parallel-PMSM System Using Single PMSM Control Hardware: A PLL-Integrated UIO Approach," *IEEE Trans. Power Electron.*, vol. 38, no. 12, pp. 15300–15313, Dec. 2023.

[12] J. M. Lazi, Z. Ibrahim, M. H. N. Talib, and R. Mustafa, "Dual Motor Drives for PMSM Using Average Phase Current Technique," in *Proc. IEEE Int. Conf. Power Energy*, Kuala Lumpur, Malaysia, 2010, pp. 786–790.

[13] M. M. Boroujeni and G. A. Markadeh, "Energy-Based Control Technique for Monoinverter Dual Parallel PMSM with Different Parameters," *IEEE Trans. Ind. Electron.*, vol. 69, no. 12, pp. 12162–12172, Dec. 2022.

[14] [31] L. Zhao, C. Cai, X. Mao, D. Wu, J. Zhang, Z. Yu, and Y. Feng, "A Maximum Efficiency Point Tracking Control Method for Ultrasonic Motors with Temperature Compensation," *IET Electr. Power Appl.*, vol. 17, no. 12, pp. 1469–1477, Dec. 2023.

[15] J. Lee and J.-W. Choi, "MTPA Control Method for MIDP SPMSM Drive System Using Angle Difference Controller and P&O Algorithm," *IEEE Trans. Power Electron.*, vol. 37, no. 12, pp. 15382–15396, Dec. 2022.

[16] T. Inoue, Y. Inoue, S. Morimoto, and M. Sanada, "Mathematical Model for MTPA Control of Permanent-Magnet Synchronous Motor in Stator Flux Linkage Synchronous Frame," *IEEE Trans. Ind. Appl.*, vol. 51, no. 5, pp. 3620–3628, Sept./Oct. 2015.

[17] K. Matsuse, H. Kawai, Y. Kouno, and J. Oikawa, "Characteristics of Speed Sensorless Vector Controlled Dual Induction Motor Drive Connected in Parallel Fed by a Single Inverter," *IEEE Trans. Ind. Appl.*, vol. 40, no. 1, pp. 153–161, Jan./Feb. 2004.

[18] A. Bouscayrol, M. Pietrzak-David, P. Delarue, R. Pena-Eguiluz, P.-E. Vidal, and X. Kestelyn,

"Weighted Control of Traction Drives with Parallel-Connected AC Machines," *IEEE Trans. Ind. Electron.*, vol. 53, no. 6, pp. 1799–1806, Dec. 2006.

[19] C. Park and S. Doki, "Control Method of Dual Parallel Surface-Mounted Permanent-Magnet Synchronous Motor Systems with Different Parameters Using Single Inverter," *2022 IEEE Energy Conversion Congress and Exposition (ECCE)*, Detroit, MI, USA, 2022, pp. 1–8

[20] T. Liu, Z. Liu, and F. Zhu, "A Nonlinear Robust Speed Controller for Dual Nonidentical Parallel PMSM system," *IEEE Trans. Power Electron.*, vol. 37, no. 9, pp. 10190–10199, Sep. 2022.

[21] M. Seilmeier and B. Piepenbreier, "Sensorless Control of PMSM for The Whole Speed Range Using Two-Degree-of-Freedom Current Control and HF Test Current Injection for Low-Speed Range," *IEEE Trans. Power Electron.*, vol. 30, no. 8, pp. 4394–4403, Aug. 2015.

CHAPTER

09 PMSM 기반 SIDM 구동 시스템의 불연속 변조 기법

PMSM 구동 시스템의 효율을 향상시키는 방법에는 여러 가지가 있다. 일반적으로 MTPA 제어를 통해 동손을 최소화하여 전동기 효율을 높일 수 있으며, 인버터 측면에서는 펄스폭 변조(Pulse width modulation, PWM) 기법을 통해 스위칭 손실을 줄임으로써 전체 시스템 효율을 개선할 수 있다.

특히 불연속 펄스폭 변조(Discontinuous pulse width modulation, DPWM) 방식은 인버터의 전압 지령에서 특정 구간 동안 스위칭 동작을 중단함으로써 전력 손실을 효과적으로 줄이는 방법이다. 인버터의 전력 손실은 크게 스위칭 손실과 도통 손실로 구성되며, 이 중 DPWM은 스위칭 손실을 크게 줄이는 데 기여하지만, 도통 손실에는 거의 영향을 미치지 않는다. 따라서 인버터의 전력 손실을 최소화하기 위해서는 스위칭 손실의 감소가 가장 중요한 요소로 작용한다.

DPWM 방식은 불연속 구간의 길이에 따라 여러 형태로 구현될 수 있다. 예를 들어, 불연속 구간이 30°, 60°, 120°로 설정되는 30° DPWM, 60° DPWM, 120° DPWM 방식이 있으며, 불연속 구간의 길이에 따라 전력 손실 저감 효과도 달라진다. 스위칭 손실은 인버터 전류의 크기에 비례하므로, 인버터 전류가 최대가 되는 시점에 불연속 구간을 배치하면 스위칭 손실을 가장 크게 줄일 수 있다.

단일 인버터로 구동되는 단일 전동기 시스템에서는 고정자 전류의 위상각을 이용하여, 전류가 최대가 되는 구간에 DPWM을 적용하는 것이 가능하다. 그러나 PMSM 기반 SIDM 구동 시스템 에서는 두 전동기의 합성 전류가 인버터를 통해 흐르기 때문에, 불연속 구간은 개별 전류가 아닌 합성 전류의 위상각을 기준으로 결정해야 한다.

이에 본 연구에서는 PMSM 기반 SIDM 구동 시스템의 인버터 전력 손실을 최소화하기 위한 DPWM 기법을 제안한다. 제안된 방법은 두 전동기의 합성 전류를 기반으로 스위칭이 이루어지지 않는 불연속 구간을 설정하여 전력 손실을 줄인다. 이때 불연속 구간의 결정에는 합성 전류의 위상각이 사용되며, 이 위상각은 두 전동기 간의 전류 관계식과 각 좌표계의 변환 관계로부터 계산된다. 또한 두 전동기의 속도 동기화는 마스터 전동기에 d축 보상 전류를 주입하는 능동 댐핑 제어 방식을 통해 이루어진다.

제안된 DPWM 기법의 타당성은 PSIM 기반 시뮬레이션과 실험을 통해 검증하며, 그 결과 제안된 방법이 다양한 부하 조건에서 인버터의 전력 손실을 효과적으로 줄이고 시스템 효율을 향상시킬 수 있음을 확인한다.

이 장의 구성은 다음과 같다. 9.1절에서는 인버터에서 발생하는 전력 손실의 구성과 계산 방법을 정리한다. 스위칭 손실과 도통 손실의 물리적 의미와 발생 메커니즘을 설명하고, 한 제어 주기/한 전류 주기 기준의 평균 손실 산정식과 변수 정의를 제시한다. 9.2절에서는 PMSM 기반 SIDM 구동 시스템에 적용되는 DPWM 기법을 다룬다. 먼저 전압 위상각을 기준으로 불연속 구간을 설정하는 기존 방법의 한계를 짚고, 이어서 합성 전류의 위상각을 기준으로 불연속 구간을 배치하는 제안 기법의 원리와 구현 절차를 설명한다. 9.3절에서는 PSIM 기반 시뮬레이션을 통해 제안 기법의 손실 저감 효과를 정량적으로 비교 및 분석한다. 다양한 부하 조합과 속도 조건에서 기존 DPWM 대비 스위칭 손실 감소와 도통 손실 영향, 효율 개선 폭을 표와 그림으로 제시한다. 마지막으로 9.4절에서는 실제 실험 장치를 이용한 검증 결과를 제시한다. 전압/전류 파형과 위상관계, 불연속 구간 배치 효과를 비교하여 제안 DPWM의 유효성을 확인하고, 조건별 인버터 효율을 요약해 실용적 성능 향상을 입증한다.

9.1 인버터의 전력 손실

인버터에서 발생하는 주요 전력 손실은 스위칭 소자에서 기인하며, 여기에는 스위칭 손실과 도통 손실이 포함된다. 본 장에서는 스위칭 손실과 도통 손실에 대해 설명한다.

1 스위칭 손실

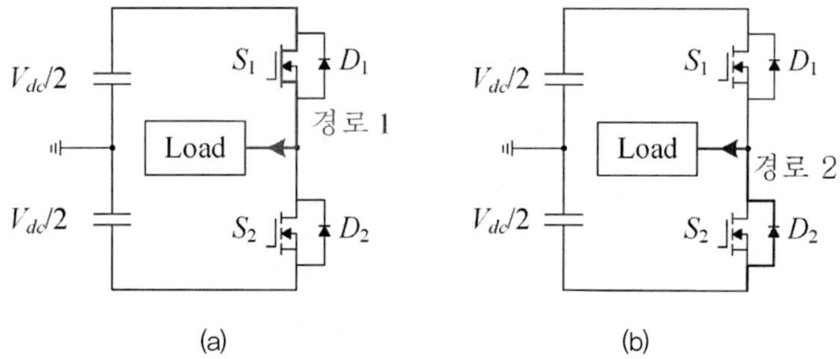

그림 9.1 인버터의 Leg에 대해 전류가 양으로 도통하는 경우의 전류 경로

인버터를 흐르는 전류는 상 전류의 부호에 따라 서로 다른 도통 경로를 따른다. [그림 9.1]은 전류가 양으로 도통하는 경우, 인버터의 Leg에서의 전류 경로를 나타낸다. 이 경우 S_1과 S_2는 상보적으로 동작하며, S_1 스위치가 켜져 있을 때는 [그림 9.1(a)]에 표시된 경로 1을 통해 전류가 흐르고, S_1이 꺼져 있을 때는 [그림 9.1(b)]에 표시된 경로 2를 통해 전류가 흐른다. 만약 상 전류가 음(-)이면 전류는 S_2와 D_1을 통해 도통된다.

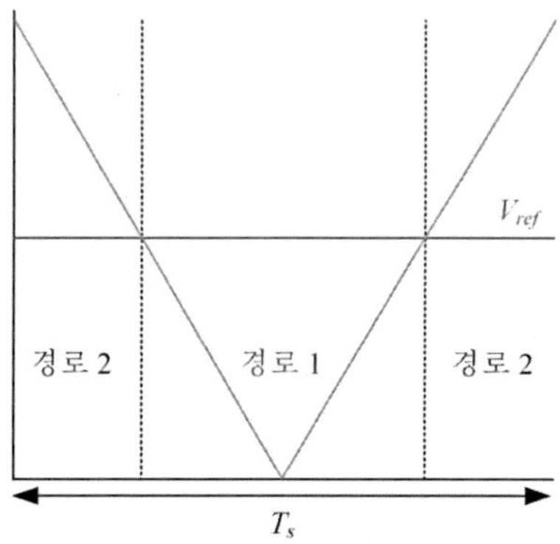

그림 9.2 전류가 양으로 도통하는 경우 삼각파와 지령 전압에 따른 도통 경로

[그림 9.2]는 상 전류가 양(+)일 때, S_1의 온/오프 상태에 따른 한 제어 주기 동안의 전류 경로를 보여준다. 여기서 T_s는 제어 주기를, V_{ref}는 상 전압 지령을 나타낸다. 전류가 정현파라고 가정하면, 모든 스위치의 평균 손실은 상 전류의 양의 반주기만 고려하여 계산할 수 있다. 스위칭 손실은 스위칭 소자가 턴온(Turn-on) 및 턴오프(Turn-off) 구간 동안 소자 양단의 전압과 전류가 동시에 존재할 때 발생한다. 한 제어 주기 T_s 동안의 평균 스위칭 손실은 다음과 같이 표현된다.

$$P_{sw}(T_s) = \frac{V_{dc}(t_{on} + t_{off})}{T_s} i(\theta) \tag{9.1}$$

여기서 $P_{sw}(T_s)$는 한 제어 주기 동안 발생하는 평균 스위칭 손실을 나타내며, V_{dc}는 직류 전압을 의미한다. t_{on}과 t_{off}는 각각 턴온 및 턴오프 시간이고, $i(\theta)$는 인버터를 흐르는 전류의 크기이다. 전류가 정현파라고 가정하면 $i(\theta) = I_{\max}\sin(\theta)$로 표현되며, $I_{\max}$는 전류의 최대값을 의미한다. 전류가 정현파라고 가정할 때, 한 전류 주기 동안의 단일 스위치 평균 스위칭 손실(P_{sw_av})은 다음과 같이 표현된다.

$$P_{sw\_av} = \frac{1}{2\pi} V_{dc}(t_{on} + t_{off}) f_{sw} \int_0^{\pi} i(\theta)\, d\theta \tag{9.2}$$

여기서 f_{sw}는 스위칭 주파수를 나타낸다. 따라서 여섯 개의 스위치로 구성된 인버터의 한 전류 주기 동안의 평균 스위칭 손실은 식 (9.2)의 값에 6을 곱하여 계산할 수 있다.

2 도통 손실

도통 손실은 전류가 흐를 때 소자에 발생하는 전압 강하로 인해 발생하며, 스위치의 도통 손실과 다이오드의 도통 손실로 구분된다. 스위칭 손실과 유사하게, 도통 손실 또한 전류의 양의 반주기만 고려하여 계산할 수 있다. 한 제어 주기 동안 스위치와 다이오드에서 발생하는 평균 도통 손실은 다음과 같이 표현된다.

$$P_c(T_s) = \frac{1}{T_s}\left(\int_{T_{on}} v_{CE(sat)}\, dt + \int_{T_{off}} v_f\, dt\right) i(\theta) \tag{9.3}$$

여기서 $P_c(T_s)$는 한 제어 주기 동안 스위치와 다이오드에서 발생하는 평균 도통 손실을 의미한다. T_{on}은 스위치가 켜져 있는 구간, T_{off}는 스위치가 꺼져 있는 구간을 나타내며, T_{off}는 $T_s - T_{on}$으로 정의된다. $v_{CE(sat)}$은 스위치의 온 저항에 의한 전압 강하를, v_F는 다이오드의 도통 전압을 의미한다. 이를 이용하면, 전류의 양의 반주기 동안의 평균 도통 손실(P_{c_av})은 다음과 같이 표현된다.

$$P_{c\_av} = \frac{1}{2\pi}\int_0^{\pi} \{v_{CE(sat)}D + v_F(1-D)\}\, i(\theta)\, d\theta \tag{9.4}$$

여기서 D는 듀티비를 나타낸다. 만약 $v_{CE(sat)}$와 v_F가 거의 동일하다면, 도통 손실은 듀티비에 거의 영향을 받지 않으며 일정하게 유지된다. 따라서 DPWM에 의한 도통 손실의 감소 효과는 매우 미미하다.

9.2 SIDM 구동 시스템의 DPWM 적용 방법

본 장에서는 전압 위상을 기반으로 한 기존 DPWM 기법을 설명하고, 이어서 PMSM 기반 SIDM 구동 시스템에서 전류 위상을 기반으로 한 제안된 DPWM 기법을 소개한다.

1 전압 위상각 기반의 기존 DPWM 방식

기존의 DPWM 방식은 스위칭이 이루어지지 않는 불연속 구간을 지령 전압의 위상을 기준으로 결정한다. 그러나 9.1장에서 논의한 바와 같이, 스위칭 손실은 전류의 크기에 비례하므로 스위칭 손실을 최소화하려면 전류가 최대가 되는 구간에서 스위칭을 억제하는 것이 필요하다. 유도성 부하의 경우, 전압과 전류 사이에는 위상차가 존재하므로, 불연속 구간을 전압 위상을 기준으로 설정할 경우, 전류가 최대가 되는 시점에 불연속 구간이 정확하게 위치하지 못하게 된다. 이로 인해 스위칭 손실 저감 효과가 감소하게 된다.

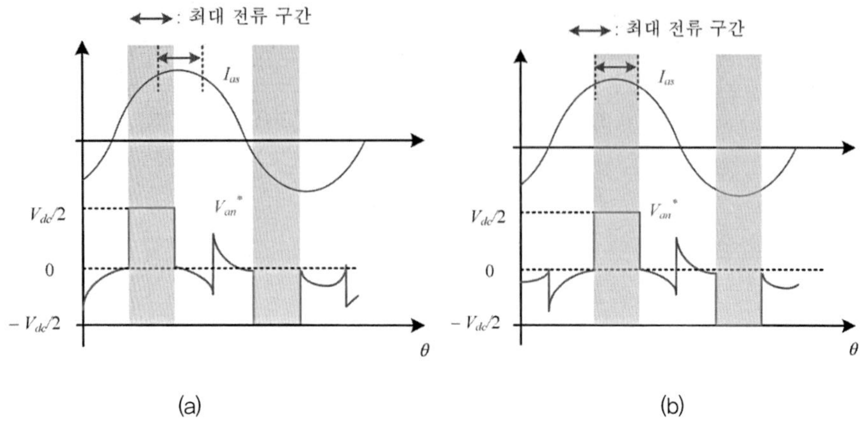

그림 9.3 DPWM 기준각에 따른 상전류와 해당 상의 지령 전압

[그림 9.3]은 DPWM의 기준 위상에 따라 변화하는 상전류와 해당 상의 지령 전압을 나타낸다. [그림 9.3(a)]는 지령 전압을 기준으로 불연속 구간을 설정한 경우를 예시로 보여준다. 이때 불연속 구간은 지령 전압이 최대가 되는 60° 구간에서 설정되지만, 전류가 최대가 되는 시점과 위상 차이가 존재하므로 스위칭 손실 저감 효과가 감소하게 된다.

2 전류 위상각 기반의 DPWM 방식

식 (9.1)에 나타난 바와 같이, 하나의 제어 주기 동안 발생하는 스위칭 손실은 해당 시점의 전류 크기에 비례한다. 따라서 전류가 최대가 되는 구간에서 스위칭을 억제하면 손실 저감 효과를 극대화할 수 있다. [그림 9.3(b)]는 전동기의 고정자 전류(상전류) 위상을 기준으로 한 60° DPWM 적용 결과를 보여주며, 전류가 최대가 되는 구간에서 스위칭이 억제되는 것을 확인할 수 있다. 단일 인버터로 구동되는 단일 전동기 시스템의 경우, 고정자 전류의 위상을 이용하여 불연속 구간을 결정할 수 있다. 그러나 SIDM 구동 시스템에서는 두 전동기의 합성 전류가 인버터를 통해 흐르기 때문에, 불연속 구간은 합성 전류의 위상을 기준으로 설정해야 최대의 스위칭 손실 저감 효과를 얻을 수 있다.

인버터를 흐르는 합성 전류의 위상을 구하기 위해서는 마스터 전동기와 슬레이브 전동기의 전류 정보를 모두 이용해야 한다. 마스터 전동기의 $d-q$축 전류는 전류 센서를 통해 측정된 3상 전류와 회전자 위치를 이용해 계산할 수 있으며, 슬레이브 전동기의 $d-q$축 전류는 두 전동기 간의 전류 관계식으로부터 도출된다.

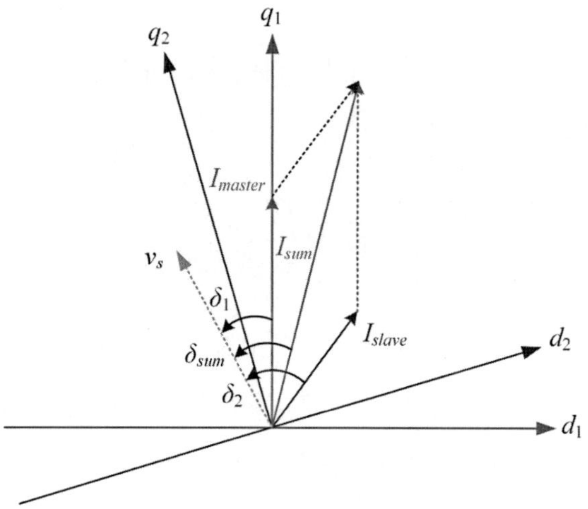

그림 9.4 전압 평면에서 표현된 마스터 및 슬레이브 전동기의 전류 벡터와 합성 전류 벡터

[그림 9.4]는 마스터 전동기, 슬레이브 전동기, 그리고 합성 전류 벡터 간의 관계를 나타낸다. δ_1, δ_2, δ_{sum}은 각각 지령 전압 벡터와 마스터 전동기 전류 벡터, 슬레이브 전동기 전류 벡터, 그리고 합성 전류 벡터 사이에 형성되는 위상각을 의미한다. 슬레이브 전동기의 $d-q$축 전류는 마스터 전동기의 기준 좌표계에서 다음과 같이 표현된다.

$$\begin{bmatrix} i_{d2}^m \\ i_{q2}^m \end{bmatrix} = \begin{bmatrix} \cos\theta_d & -\sin\theta_d \\ \sin\theta_d & \cos\theta_d \end{bmatrix} \begin{bmatrix} i_{d2} \\ i_{q2} \end{bmatrix} \tag{9.5}$$

여기서 i_{d2}^m와 i_{q2}^m은 마스터 전동기의 기준 좌표계에서 표현된 슬레이브 전동기의 $d-q$축 전류이다. 따라서 합성 전류 벡터의 $d-q$축 전류는 마스터 전동기 기준 좌표계에서 다음과 같이 주어진다.

$$\begin{bmatrix} i_{d\_sum}^m \\ i_{q\_sum}^m \end{bmatrix} = \begin{bmatrix} i_{d1} + i_{d2}^m \\ i_{q1} + i_{q2}^m \end{bmatrix} \tag{9.6}$$

이에 따라 합성 전류 벡터의 위상각은 다음과 같이 계산된다.

$$\theta_{sum} = \tan^{-1}\left(\frac{i^{m}_{q\_sum}}{i^{m}_{d\_sum}}\right) + \theta_1 \tag{9.7}$$

여기서 θ_{sum}은 합성 전류 벡터의 위상각을 나타낸다. 고속 운전 영역에서는 고정자 저항의 영향을 무시할 수 있으며, i_{d1}이 0으로 제어되는 경우 δ_1은 다음과 같이 표현된다.

$$\delta_1 = \tan^{-1}\left(\frac{L_q i_{q1}}{\phi_f}\right) \tag{9.8}$$

60° DPWM의 경우, 지령 전압과 전류 사이의 위상차는 $\pi/6$ rad 이내여야 한다. 만약 위상차의 최대값을 초과하면, 다른 상의 지령 전압이 $V_{dc}/2$를 초과할 수 있다. 따라서 지령 전압과 전류 사이의 위상차가 $\pi/6$ rad를 초과하는 경우, 지령 전압의 최대점과 교차점 사이의 구간으로 고정해야 한다. 이에 따라 합성 전류의 위상각을 기준으로 DPWM을 수행할 때는 다음 조건을 만족해야 한다.

$$\delta_{sum} \le \frac{\pi}{6} \tag{9.9}$$

δ_{sum}의 최대값은 $\pi/6$ rad이므로 δ_1은 $\pi/6$ rad보다 작아야 한다.

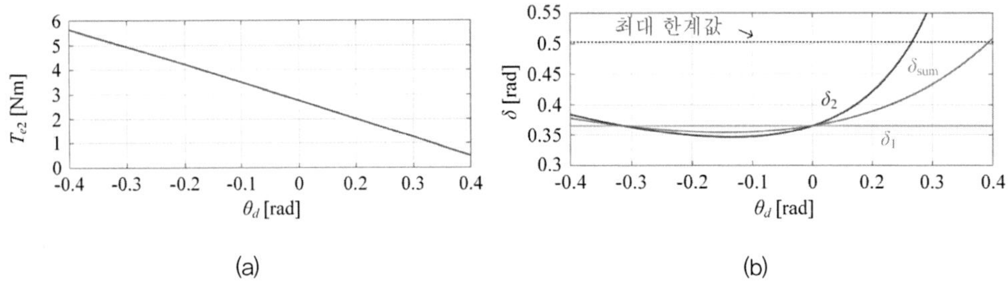

(a) (b)

그림 9.5 T_{e1}이 정격 토크의 50%일 때 θ_d에 대한 T_{e2}와 δ의 관계

[그림 9.5]는 T_{e1}이 정격 토크의 50%일 때 θ_d에 대한 T_{e2}와 δ의 관계를 나타낸다. $T_{e1} > T_{e2}$ 경우, δ_{sum}을 π/6 이내로 유지할 수 있는 T_{e2}의 범위는 정격 토크의 약 10%~50%이다. T_{e1}의 크기에 따라 δ_{sum}을 $\pi/6$ 이내로 유지할 수 있는 T_{e2}의 범위는 달라질 수 있다. 반대로 $T_{e1} < T_{e2}$인 경우, 마스터 전동기와 슬레이브 전동기의 전류 벡터 간 위상차가 작아지고, 합

성 전류 벡터의 위상은 슬레이브 전동기의 위상과 거의 일치하게 된다.

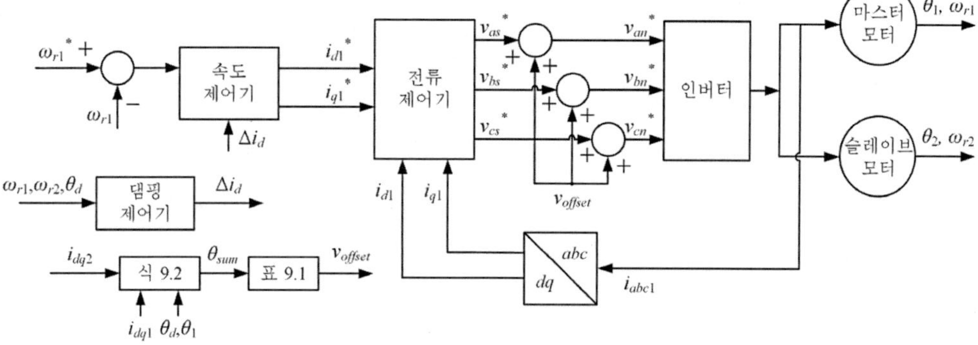

그림 9.6 제안된 DPWM 기법이 적용된 시스템의 제어 블록도

[그림 9.6]은 제안된 DPWM 기법이 적용된 PMSM 기반 SIDM 구동 시스템의 전체 제어 블록도를 보여준다. 속도 지령, 속도 오차, 그리고 댐핑 제어기에서 생성된 댐핑 전류가 속도 제어기로 입력되어 $d-q$축 지령 전류를 생성한다. 이 지령 전류는 전류 제어기를 통해 지령 전압으로 변환된다. 또한, 슬레이브 전동기와 마스터 전동기의 전류를 이용하여 합성 전류 벡터의 위상각을 구하고, 이 위상각에 따라 옵셋 전압을 결정한다. 마지막으로, 선택된 옵셋 전압을 지령 전압에 더하여 극전압(Pole voltage) 지령을 얻는다. [표 9.1은] 합성 전류의 위상각 θ_{sum}에 따른 옵셋 전압을 나타낸다.

[표 9.1] 합성 전류의 위상각 범위에 따른 옵셋 전압

θ_{sum}의 범위	옵셋 전압
$-5\pi/6 \le \theta_{sum} \le -\pi/2$	$V_{dc}/2 - v_{cs}{}^*$
$-\pi/2 \le \theta_{sum} \le -\pi/6$	$-V_{dc}/2 - v_{bs}{}^*$
$-\pi/6 \le \theta_{sum} \le \pi/6$	$V_{dc}/2 - v_{as}{}^*$
$\pi/6 \le \theta_{sum} \le \pi/2$	$-V_{dc}/2 - v_{cs}{}^*$
$\pi/2 \le \theta_{sum} \le 5\pi/6$	$V_{dc}/2 - v_{bs}{}^*$
$\theta_{sum} \le -5\pi/6,\ 5\pi/6 \ge \theta_{sum}$	$-V_{dc}/2 - v_{as}{}^*$

9.3 시뮬레이션

제안된 DPWM 기법의 타당성은 시뮬레이션을 통해 검증되었다. 시뮬레이션은 PSIM 소프트웨어를 이용하여 수행되었으며, 시뮬레이션에 사용된 마스터 전동기와 슬레이브 전동기의 파라미는 [표 8.1]의 값들과 동일하다. 두 전동기는 동일한 사양을 가지며, 직류단 전압은 400 V, 스위칭 주파수는 10 kHz로 설정하였다. 또한, 스위칭 소자의 상승 시간(Rising time)과 하강 시간(Falling time)은 각각 115 ns와 250 ns로 설정되었다.

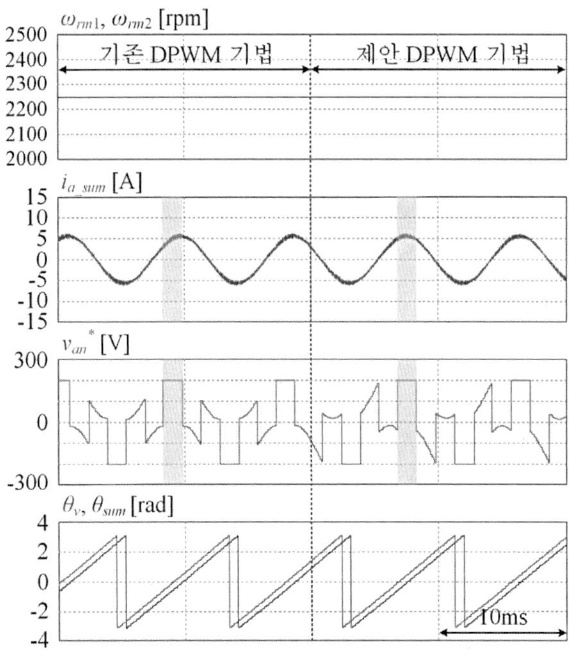

그림 9.7 T_{e1}과 T_{e2}가 각각 정격 토크의 50%와 10%인 경우 제안된 DPWM 기법의 시뮬레이션 결과

[그림 9.7]은 마스터 전동기와 슬레이브 전동기에 각각 정격 토크의 50%와 10%를 인가했을 때의 시뮬레이션 결과를 보여준다. 여기서 ω_{rm1}과 ω_{rm2}는 각각 마스터 전동기와 슬레이브 전동기의 속도를 의미하며, i_{a_sum}은 a상에서의 합성 전류를 나타낸다. 또한 θ_v는 전압 벡터의 위상각을 나타낸다. 제안된 DPWM 기법은 합성 전류가 최대가 되는 구간에서 스위칭을 억제함으로써 손실 저감 효과를 더욱 향상시킨다. 한편, [그림 9.5]에서 확인된 바와 같이 슬

레이브 전동기의 토크가 감소하면 전압 벡터와 합성 전류 벡터 간의 위상차가 증가한다. 이 경우 위상차는 약 0.5 rad로 나타나며, 이는 여전히 60° DPWM 운전 조건을 만족한다.

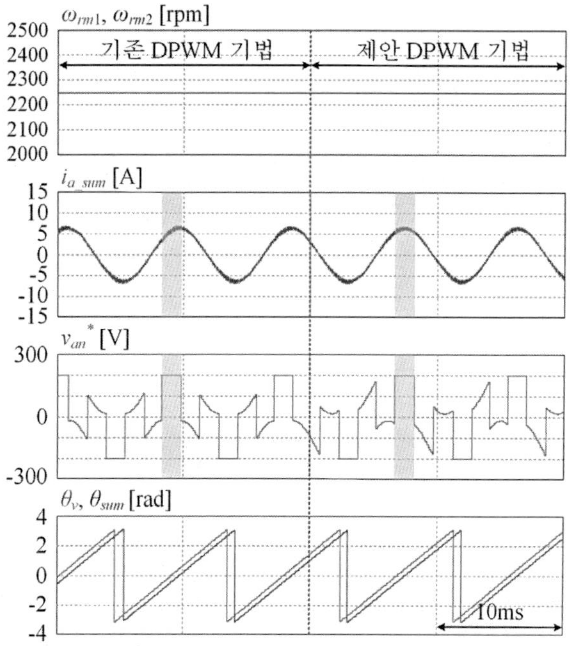

그림 9.8 T_{e1}과 T_{e2}가 각각 정격 토크의 50%와 20%인 경우 제안된 DPWM 기법의 시뮬레이션 결과

[그림 9.8]은 제안된 DPWM 기법을 적용한 상태에서 마스터 전동기와 슬레이브 전동기에 각각 정격 토크의 50%와 20%를 인가했을 때의 시뮬레이션 결과를 보여준다. 두 전동기는 댐핑 제어기를 통해 속도 동기화를 유지한다. 기존 DPWM 방식에서는 불연속 구간이 합성 전류의 최대 구간과 일치하지 않아 스위칭 손실 저감 효과가 제한적이었다. 반면, 제안된 DPWM은 불연속 구간을 합성 전류가 최대가 되는 구간에 배치함으로써 스위칭 손실 저감 효과를 극대화한다. 이 운전 조건에서 θ_v와 θ_{sum} 간의 위상차는 약 0.44 rad로, π/6보다 작아 60° DPWM 운전 조건을 만족함을 확인할 수 있다.

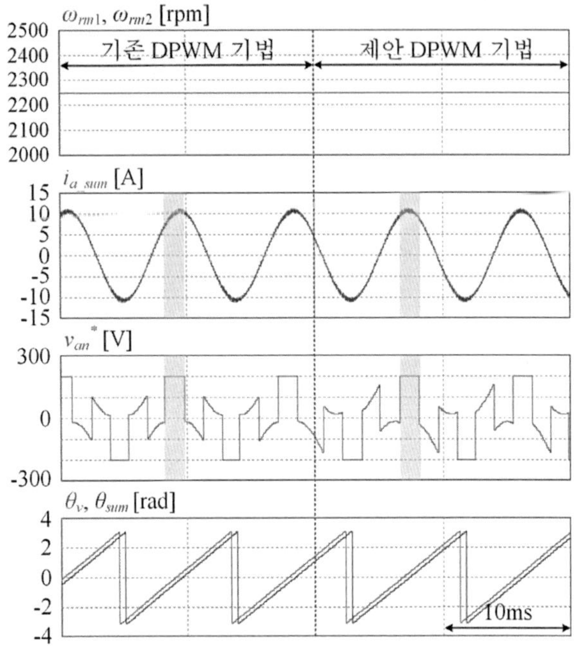

그림 9.9 T_{e1}과 T_{e2}가 각각 정격 토크의 50%와 70%인 경우 제안된 DPWM 기법의 시뮬레이션 결과

[그림 9.9]는 기존 DPWM과 제안된 DPWM의 시뮬레이션 결과를 비교한 것이다. 이때 마스터 전동기와 슬레이브 전동기의 부하는 각각 정격 토크의 50%와 70%로 설정하였다. [그림 9.5]에서 볼 수 있듯이, 슬레이브 전동기의 부하가 더 큰 경우 두 전동기 전류 벡터 간의 위상차와 합성 전류 벡터 및 전압 벡터 간의 위상차는 상대적으로 작게 유지된다. 이러한 조건에서 제안된 DPWM은 합성 전류가 최대가 되는 구간에서 스위칭을 억제하여, 기존 DPWM 방식에 비해 스위칭 손실을 더욱 효과적으로 감소시킨다.

[표 9.2]는 각 시뮬레이션 조건에서 기존 DPWM과 제안된 DPWM의 스위칭 손실 및 도통 손실을 비교한 결과를 요약한 것이다. [그림 9.7]의 조건에서는 기존 방식과 제안된 방식의 스위칭 손실이 각각 8.72 W와 7.98 W로, 약 0.74 W의 차이를 보였다. 반면, 도통 손실은 0.03 W 정도로 거의 차이가 없었다. [그림 9.8]의 경우, 스위칭 손실은 기존 방식에서 9.74 W, 제안 방식에서 9.14 W로 약 0.6 W의 차이가 발생했으며, 도통 손실의 차이는 약 0.03 W로 미미하였다. [그림 9.9]의 조건에서는 스위칭 손실이 기존 방식에서 15.74 W, 제안 방식에서 15.22 W

로 약 0.52 W 감소하였으며, 도통 손실은 거의 동일한 수준을 유지하였다.

[표 9.2] 부하 조건에 따른 각 DPWM 기법의 손실

조건	DPWM 방식	스위칭 손실	도통 손실
T_{e1} 50%, T_{e2} 10%	기존 기법	8.72 W	21.48 W
	제안 기법	7.98 W	21.45 W
T_{e1} 50%, T_{e2} 20%	기존 기법	9.74 W	24.42 W
	제안 기법	9.14 W	24.39 W
T_{e1} 50%, T_{e2} 70%	기존 기법	15.74 W	40.8 W
	제안 기법	15.22 W	40.8 W

이 결과를 통해 제안된 DPWM 기법이 기존 방식에 비해 스위칭 손실을 효과적으로 저감하면서도 도통 손실에는 거의 영향을 주지 않음을 확인할 수 있다. 이는 제안된 방법이 단일 인버터 기반 듀얼 전동기 구동 시스템에서 손실 최소화와 효율 향상에 유효함을 실증적으로 보여준다.

9.4 실험결과

제안된 DPWM 기법의 타당성은 실험 구성을 통해 검증되었다. 실험 장비는 2레벨 인버터, 2대의 IPMSM, 부하 전동기, 전력 분석기로 구성되었으며, 사용된 전동기의 주요 파라미터는 시뮬레이션과 동일한 [표 8.1]의 값들이 적용되었다.

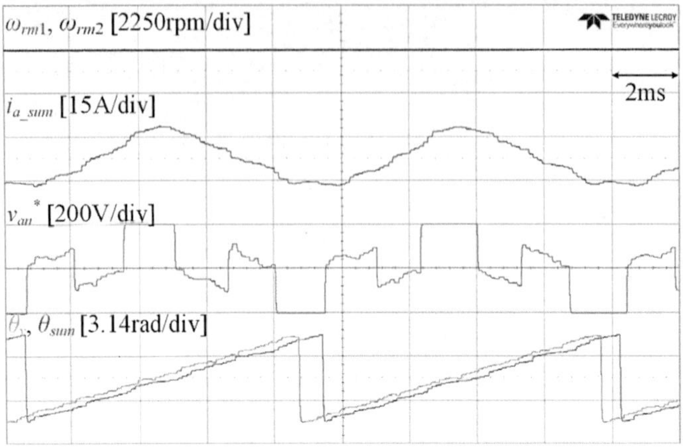

(a)

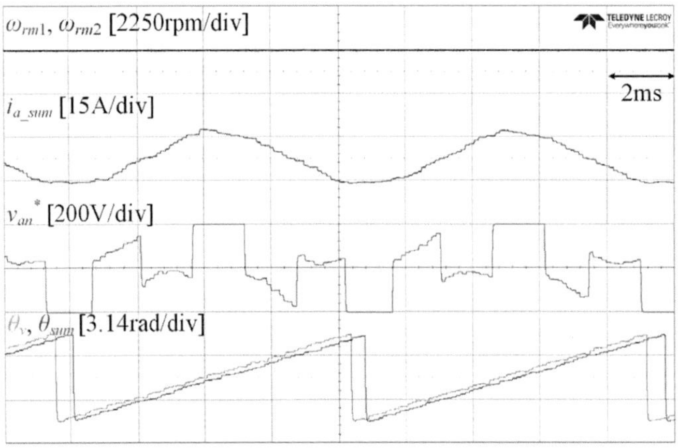

(b)

그림 9.10 T_{e1}과 T_{e2}가 각각 정격 토크의 50%와 10%인 경우 적용된 DPWM 기법에 따른 실험 결과

[그림 9.10]은 두 전동기에 각각 정격 토크의 50%와 10%를 인가하고, 두 전동기를 모두 정격 속도의 50%로 운전했을 때의 DPWM 결과를 보여준다. [그림 9.10(a)]는 기존 DPWM 기법을 적용한 경우로, 스위칭이 상전류가 최대가 되는 구간에서 발생함을 확인할 수 있다. 반면 [그림 9.10(b)]는 제안된 방법의 결과를 나타내며, 전류가 최대가 되는 구간에서 지령 전압이 클램핑(Clamping)되어 있음을 보여준다. 이때 전압과 합성 전류 사이의 위상차는 약 0.47 rad로, 최대 위상각 조건을 만족한다.

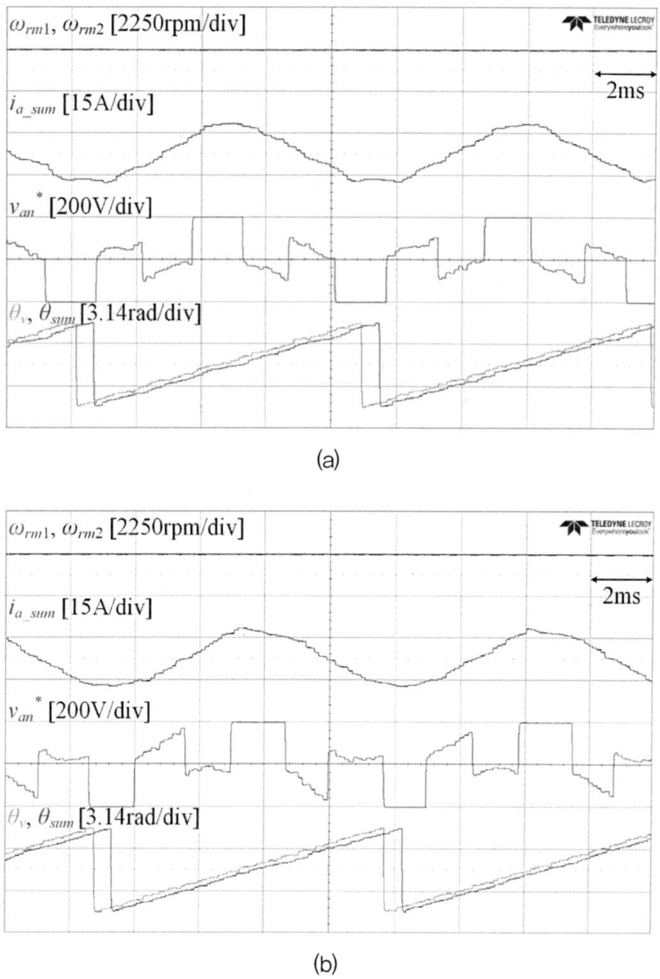

그림 9.11 T_{e1}과 T_{e2}가 각각 정격 토크의 50%와 20%인 경우 적용된 DPWM 기법에 따른 실험 결과

[그림 9.11]은 마스터 전동기와 슬레이브 전동기에 각각 정격 토크의 50%와 20%를 인가하고, 두 전동기의 속도를 정격 속도의 50%로 제어하여 동기화시킨 상태에서의 DPWM 결과를 나타낸다. [그림 9.11(a)]는 기존 방법으로 얻은 실험 파형을 보여주며, 불연속 구간이 전압 위상이 최대가 되는 구간에 배치되어 있다. 이 경우, 불연속 구간이 최대 전류 구간과 일치하지 않기 때문에 스위칭 손실 저감 효과가 감소한다. 반면 [그림 9.11(b)]는 제안된 방법의 결과를 보여주며, 불연속 구간이 합성 전류의 위상이 최대가 되는 구간에 배치되어 스위칭 손실 저감 효과가 극대화된다. 이때 전압과 합성 전류 사이의 위상차는 약 0.35 rad로, 60°

DPWM의 최대 위상각 조건을 만족한다.

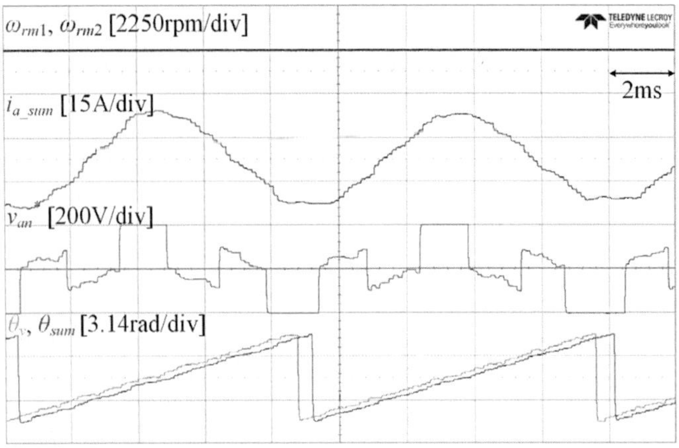

(a)

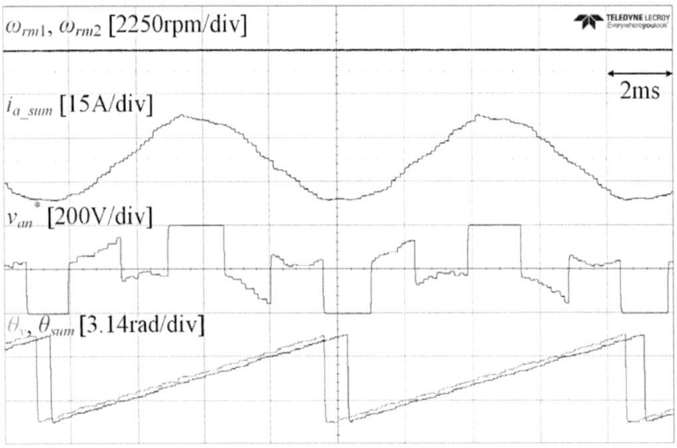

(b)

그림 9.12 T_{e1}과 T_{e2}가 각각 정격 토크의 50%와 70%인 경우 적용된 DPWM 기법에 따른 실험 결과

[그림 9.12]는 두 전동기에 각각 정격 토크의 50%와 70%를 인가했을 때의 DPWM 결과를 보여준다. [그림 9.12(a)]의 기존 DPWM에서는 지령 전압이 최대 전류 구간이 아닌 다른 구간에서 클램핑되어 있으며, 이에 따라 손실 저감 효과가 제한적이다. 반면, [그림 9.12(b)]의 제안된 DPWM에서는 지령 전압이 최대 전류 구간에서 클램핑되어 스위칭 손실 저감 효과가 최대화된다. 이때 전류와 전압 간의 위상차는 약 0.31 rad로 나타났다.

각 조건에서의 인버터 효율은 [표 9.3]에 요약되어 있으며, 이를 통해 제안된 DPWM 기법이 기존 방법에 비해 평균 약 0.3%의 효율 향상을 달성함을 확인할 수 있다.

[표 9.3] 부하 조건에 따른 각 DPWM 기법의 효율

조건	DPWM 방식	효율
T_{e1} 50%, T_{e2} 10%	기존 기법	95.5%
	제안 기법	95.8%
T_{e1} 50%, T_{e2} 20%	기존 기법	96.2%
	제안 기법	96.6%
T_{e1} 50%, T_{e2} 70%	기존 기법	97.3%
	제안 기법	97.6%

9.5 참고문헌

[1] R. Gunabalan, P. Sanjeevikumar, F. Blaabjerg, O. Ojo, and V. Subbiah, "Analysis and Implementation of Parallel Connected Two Induction Motor single Inverter Ddrive by Direct Vector Control for Industrial Application," *IEEE Trans. Power Electron.*, vol. 30, no. 12, pp. 6472–6475, Dec. 2015.

[2] F. Xu, L. Shi, and Y. Li, "The Weighted Vector Control of Speed-Irrelevant Dual Induction Motors Fed by the Single Inverter," *IEEE Trans. Power Electron.*, vol. 28, no. 12, pp. 5665–5672, Dec. 2013.

[3] H.-W. Lee, S.-J. Jang, and K.-B. Lee, "Advanced DPWM Method for Switching Loss Reduction in Isolated DC Type Dual Inverter with Open-End Winding IPMSM," *IEEE Access*, vol. 11, pp. 2700–2710, 2023.

[4] Y. Lee and J.-I. Ha, "Control Method for Mono Inverter Dual Parallel Surface-Mounted Permanent-Magnet Synchronous Machine Drive System," *IEEE Trans. Ind. Electron.*, vol. 62, no. 10, pp. 6096–6107, Oct. 2015.

[5] Y. Lee and J.-I. Ha, "Control Method of Monoinverter Dual Parallel Drive System with Interior Permanent Magnet Synchronous Motors," I*EEE Trans. Power Electron.*, vol. 31, no. 10, pp.

7077–7086, Oct. 2016.

[6] A. Bouscayrol, M. Pietrzak-David, P. Delarue, R. Pena-Eguiluz, P.-E. Vidal, and X. Kestelyn, "Weighted Control of Traction Drives with Parallel Connected AC Machines," *IEEE Trans. Ind. Electron.*, vol. 53, no. 6, pp. 1799–1806, Dec. 2006.

[7] T. Bernardes, V. Montagner, H. Grundling, and H. Pinheiro, "Discrete Time Sliding Mode Observer for Sensorless Vector Control of Permanent Magnet Synchronous Machine," *IEEE Trans. Ind. Electron.*, vol. 61, no. 4, pp. 1679–1691, Apr. 2014.

[8] G. Brando, L. Piegari, and I. Spina, "Simplified Optimum Control Method for Monoinverter Dual Parallel PMSM Drive," *IEEE Trans. Ind. Electron.*, vol. 65, no. 5, pp. 3763–3771, May 2018.

[9] I. Spina, G. Brando, and A. Cervone, "A Perturb-and-Observe Based MTPA Algorithm for Mono-Inverter Multi PMSM Electric Drives", *2024 International Symposium on Power Electronics, Electrical Drives, Automation and Motion (SPEEDAM)*, pp.169–177, 2024.

[10] T. Liu, M. Fadel, J. Li, and X. Ma, "A MTPA Control Strategy for Mono-Inverter Multi-PMSM System," *IEEE Trans. Power Electron.*, vol. 36, no. 6, pp. 7165–7177, Jun. 2021.

[11] C. Park and S. Doki, "Active Damping Control Method for Different Dual Parallel-SPMSM Systems with Single Inverter," *IEEJ Journal of Industry Applications*, 2023, Vol. 12, no. 1, pp. 73–83, Jan. 2023.

[12] T. Liu and M. Fadel, "An Efficiency-Optimal Control Method for Mono-Inverter Dual-PMSM Systems," *IEEE Trans. Ind. Appl.*, vol. 54, no. 2, pp. 1737-1745, Mar./Apr. 2018.

[13] K. Li, M.Wei, C. Xie, F. Deng, J. M. Guerrero, and J. C. Vasquez, "Triangle Carrier-Based DPWM for Three-Level NPC Inverters," *IEEE J. Emerg. Sel. Topics Power Electron.*, vol. 6, no. 4, pp. 1966–1978, Dec. 2018.

[14] J.-S. Lee and K.-B. Lee, "Carrier-Based Discontinuous PWM Method for Vienna Rectifiers," *IEEE Trans. Power Electron.*, vol. 30, no. 6, pp. 2896–2900, Jun. 2015

[15] Q. Yan, H. Chen, T. Zhao, X. Yuan, L. Zhang, and R. Zhao, "A Carrier-Based Discontinuous Space-Vector PWM for Common-Mode Voltage Reduction in Dual-Input Three-Level T-Type Inverters with Unbalanced Neutral-Point Voltages," *IEEE Trans. Power Electron.*, vol. 39, no. 9,

pp. 11020–11033, Sep. 2024.

[16] Y. Pei, Y. Tang, M. Hu, Z. Zhang, and F. Yao, "Switching Loss-Reduced Space-Vector DPWM for Three-Phase Vienna Rectifier Considering Neutralpoint Voltage Fluctuation," *IEEE Trans. Power Electron.*, vol. 39, no. 12, pp. 16231–16241, Dec. 2024.

[17] W. Zhu, C. Chen, S. Duan, T. Wang, and P. Liu, "A Carrier-Based Discontinuous PWM Method with Varying Clamped Area for Vienna Rectifier," *IEEE Trans. Ind. Electron.*, vol. 66, no. 9, pp. 7177–7188, Sep. 2019.

[18] T.-I. Yeam and D.-C. Lee, "Design of Sliding-Mode Speed Controller with Active Damping Control for Single-Inverter Dual-PMSM Drive Systems," *IEEE Trans. Power Electron.*, vol. 36, no. 5, pp. 5794–5801, May 2021.

[19] T. Nagano and J. Itoh, "Design of Multi-Parallel Drive Technique for System with Numbers of Permanent Magnet Synchronous Motors," *2013 IEEE 10th International Conference on Power Electronics and Drive Systems (PEDS)*, 2013, pp. 193–198.